Think Green!
Love Lohas!

자연과 사람을 공경하는
당신이 아름답습니다!

인간과 지구는 함께 살아가는 동반자입니다.
살림로하스는 개인의 건강뿐만 아니라 사회의 건강, 자연의 건강을 추구합니다.
잘 먹고 잘 사는 웰빙을 넘어 인류와 지구를 생각하는 작지만 큰 실천을 담고 있습니다.
지구도 살고 인간도 사는 로하스 라이프!
작은 습관의 변화가 큰 변화를 만들어 냅니다.

| 일러두기 |

1 먹을거리의 기본은 맛입니다. 몸에 좋은 먹을거리도 맛이 있어야 즐겁습니다.
  살림로하스는 좋은 재료 자체의 맛을 살리는 최소한의 레시피로 건강한 맛을 추구합니다.

2 모든 먹을거리는 믿을 수 있는 재료로 만든 건강한 요리여야 합니다.
  살림로하스의 모든 레시피는 몸에 좋지 않은 것은 아무것도 넣지 않아 걱정 없이 즐길 수 있습니다.

3 요리는 즐거워야 합니다. 레시피에 얽매이다 보면 요리가 어렵게 느껴집니다.
  재료 중 준비하기 어려운 것은 비슷한 맛이 나는 것으로 대체하거나 넣지 않아도 무방합니다.
  좋아하는 재료를 더 넣어도 좋습니다. 살림로하스의 레시피를 가이드라인으로 삼아 자기만의
  요리 스타일을 살려 보세요. 단 요리 초보자라면 레시피대로 하는 것이 좋습니다.

4 이 책의 요리 재료는 모두 2인분을 기준으로 만들었습니다.

엄마 건강이 아기 건강!

임산부 건강음식 43가지

이승원

살림Life

에코ㅅ이 함께 만든 책!
먼저 읽어 봤어요!

조미란 | 서울시 송파구 석촌동

임신을 준비하는 여성과 임산부를 위한 맞춤형 음식을 소개한 책입니다. 임신 열 달 동안 가려 먹어야 할 음식, 꼭 먹어야 할 음식을 알려 주는 것은 물론 임신 전과 출산 후에 먹으면 좋은 음식까지 챙겼네요. 영양분이 풍부한 음식을 보고 있자니 정갈한 밥상을 잘 받은 것 같은 느낌이 듭니다. 개인적으로 맨 뒷부분에 나오는 간식과 음료 레시피가 가장 마음에 드네요. 임신 중에는 갑자기 출출해지는 경우가 많은데 여기 나오는 건강 간식을 챙겨 먹으면 큰 도움이 될 듯합니다.

최은아 | 서울시 강동구 강일동

임신, 출산, 수유를 겪는 여성은 자신뿐만 아니라 아기를 위해서라도 신경 써서 잘 먹어야 합니다. 이 책은 임신에 도움이 되는 음식을 영양소별로 상세히 다룬 다음 영양소를 요리에 관련지어 설명합니다. 영양소에 함유된 성분을 주르륵 열거해 봤자 이해하기 어려울뿐더러 구체적으로 뭘 먹어야 하는지 몰라 마음에 닿지 않는 경우가 많은데, 영양소 소개와 함께 요리를 제시하니 이해도 잘되고 활용하기도 좋네요. 소개된 음식이 배고픔도 채워 주고 영양도 풍부하며 조리하기 쉬운 것도 장점입니다.

이지혜 | 충청북도 청주시 흥덕구

임신 초기에는 입덧 때문에 음식 넘기기도 어렵지요. 그래서인지 이럴 때 먹을 수 있는 음식부터 출산 후 영양식까지 소개하는 기사나 책 등이 꽤 있었습니다. 하지만 임신을 준비하고 있는 여성들에게 조언하는 책은 그 필요성에도 불구하고 거의 없었지요. 이 책의 가장 큰 장점이 바로 가임기 여성에게 임신이 잘 되는 음식을 소개하는 부분이 아닐까 합니다. 주변에 불임으로 고생하는 사람들이 많은데, 그런 분들에게 이 책을 선물해 주고 싶네요.

※ 「살림로하스」 원고 모니터링에 참여해 주신 한살림, 파주두레생협, 마포두레생협 조합원 100여 분께 감사드립니다.

임신 열 달 엄마 노릇,
건강한 음식으로 시작하세요

엄마 역할은 임신 기간의 불편함이나 출산의 아픔 이전부터 시작됩니다. 건강한 아이를 출산하기 위해서는 임신 전부터 아기를 위한 준비가 필요하지요. 임신을 준비하는 여성이라면 임신하기 수개월 전부터 어떤 식사를 해야 하는지, 건강한 생활습관이란 어떤 것인지, 임신 후 자신과 태아의 영양 관리는 어떻게 할 것인지 등에 대해 관심을 가져야 합니다. 하지만 대부분의 가임기 여성은 임신 전후에 어떤 영양소가 들어 있는 음식을 언제, 어떻게, 얼마나 먹어야 할지 잘 알지 못합니다. 대부분 주변 경험담에만 의존하며 불안해하지요. 이 책은 바로 그런 부모들을 위해 쓴 책입니다.

임신하면 모든 생활이 태아 위주로 변하게 됩니다. 그중 가장 큰 변화는 역시 식습관입니다. 만일 임신부의 영양 상태가 좋지 못하면 태아나 본인의 건강에 심각한 문제가 생길 수 있습니다. 아기를 낳고 나서 몸이 나빠졌다는 사람이 많은데 대부분 임신 중에 음식 섭취를 제대로 하지 못한 경우입니다. 임신 기간에는 모든 영양소가 태아에게 우선적으로 공급되다 보니 모체의 영양이 부족하면 출산 후 건강이 약화되기 십상입니다. 이 말은 다시 말해, 엄마가 먹는 음식은 일차적으로 태아에게 먼저 공급된다는 말이기도 합니다. 엄마가 좋은 음식을 먹으면 좋은 영양분이, 나쁜 음식을 먹으면 나쁜 영양분이 고스란히 태아에게 전달됩니다.

때문에 엄마는 좋은 음식을 선택해서 섭취해야 할 의무가 있습니다. 임신 열 달 동안 엄마가 먹는 음식은 아기가 평생 건강하게 성장할 수 있는 기반을 만들어 줍니다. 엄마의 배 속에 있는 동안 특정한 영양소의 부족으로 인한 문제가 생기면 나중에 만성질환으로 이어질 수도 있습니다.

그렇다고 매일 영양소 생각해 가며 음식 챙기는 것도 귀찮고 어려운 일이지요. 특히 호르몬의 영향으로 감정 변화가 심하고 배가 나와 움직이는 것조차 힘에 부칠 때면 요리고 뭐고 다 귀찮게 느껴집니다. 그럴 때는 이 책을 펼쳐 보십시오. 임신한 여성들에게 필요한 영양이 가득 담긴 요리를 쉽고 빠르게 만들 수 있는 방법은 물론 출출할 때 먹을 수 있는 간식까지 챙겼습니다. 더불어 임신을 돕는 음식과 산후조리를 위한 영양식까지 담았으니 임신과 출산을 계획하고 있는 분이라면 누구에게나 도움이 될 것입니다.

임신 열 달은 누구에게나 여러모로 어렵고 힘든 시기입니다. 하지만 대부분의 임신부는 자신보다 아기의 안위를 걱정하고 불편하더라도 아기를 위한 선택을 하곤 합니다. 어머니의 이름으로 그 시기 내내 아기를 위해 보내는 세상의 모든 여성들에게 경의를 표합니다. 이 책이 어머니들의 좋은 친구가 된다면 더 바랄 것이 없겠습니다.

이승원

한눈에 보는 레시피

Contents

차 례

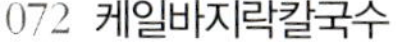

CHAPTER 04
회복과 수유를 위한 보양 요리

친환경생활수기공모전 수상작 | 이민영

CHAPTER 05
허기질 때 짬짬이, 초간단 간식&음료

건강한 임신과 출산을 위한 준비

엄마의 음식 섭취는 태아의 발육에 큰 영향을 끼칠 뿐만 아니라 출산 후 산모의 건강 상태와 모유의 영양에도 큰 역할을 담당한다. 엄마와 아이 모두를 위해 임신을 전후한 시기에는 음식도 똑똑하게 가려 먹자.

임신을 준비하는 여성에게 중요한 영양소

수정란이 자궁에 착상한 다음, 태아가 성장하고 출생하기까지의 모든 과정에서 가장 중요한 것은 모체의 영양 상태이다. 임신 중에는 특히 시기에 따라 모체와 태아에게 필요한 영양소들을 잘 공급해 주어야 한다. 임신 중에 영양 상태가 나쁘면 태반의 크기가 줄어 태아에게 충분한 영양분이 전달되지 않을 뿐더러 미숙아로 조산할 가능성이 높아지며, 출생 후에도 아기의 면역력이 약해 병치레가 잦을 수 있다. 가임기 여성이라면 언제 임신이 될지 모르니 임신하고 나서 영양을 챙기려 들지 말고 임신 전부터 꼬박꼬박 영양분을 체크하자.

철분, 임신 전부터 산후까지 늘 중요한 영양소

여성에게 늘 부족한 영양소가 있다면 바로 철분이다. 가임기 여성은 한 달에 한 번 생리를 하므로 남성에 비해 철분 저장량이 많지 않은데, 임신을 하면 상황은 더욱 심각해진다. 임신부에게 발생하는 흔한 영양 결핍 질환 중 하나가 바로 철결핍성빈혈일 정도다. 철분은 임신 초기부터 많은 양이 필요하므로 임신을 준비 중인 가임기 여성은 임신 전에 충분한 양의 철분을 저장해 두어야 한다. 만약 어지럼증, 피로, 숨가쁨 등의 증상이 있으면 헤모글로빈, 적혈구 용적률, 혈청 내 철분, 철분결합능력검사(TIBC, Total Iron Binding Capacity) 등의 검사를 통해 철결핍성빈혈 여부를 확인해 봐야 한다. 철분의 공급원으로 가장 좋은 식품은 육류, 어패류, 가금류이다. 녹색 채소와 곡류도 좋다.

엽산, 태아의 신경계 발달을 주도하는 영양소

엽산은 태아의 신경계의 발달에 중요한 역할을 한다. 엽산이 부족하면 태아의 신경계가 제대로 발달하지 않아 뇌와 척수에 선천성 기형이 생길 수 있다. 무서운 사실은 임신부가 임신 사실을 알기도 전에 태아의 신경계 발달이 시작된다는 점이다. 따라서 임신을 준비하는 여성이라면 몇 달 진부터 엽산이 풍부한 음식이니 엽신 영양세를 섭취하는 것이 좋다. 엽산이라는 용어가 'Folium', 즉 라틴어의 '잎'에서 유래되었듯, 엽산은 시금치 같은 짙푸른 잎채소에 특히 풍부하며, 브로콜리·아스파라거스 등의 채소류, 간, 오렌지주스, 밀의 배아 등에도 많이 함유되어 있다. 엽산은 산화되거나 파괴되기 쉬워 식품을 조리하는 과정에서 50퍼센트, 많게는 90퍼센트까지 파괴된다. 특히 열에 의해 쉽게 파괴되므로 엽산을 섭취하려면 되도록 신선한 채소나 과일을 그대로 먹는 것이 좋다. 임신을 준비하는 사람이라면 엽산 영양제를 따로 섭취해야 한다는 의견도 있다.

코엔자임Q10, 자연유산을 막는 영양소

강력한 항산화제로 세포의 성장을 촉진하고 노화를 예방하는 코엔자임Q10은 대부분 체내에서 합성되어 부족함을 느끼지 못한다. 그러나 절박유산이나 자연유산이 잦은 여성은 코엔자임Q10의 혈중농도가 정상인보다 낮은 경우가 많다. 유산을 예방하기 위해서는 코엔자임Q10을 충분히 섭취해야 한다는 얘기다. 코엔자임Q10이 풍부한 음식으로는 고등어, 꽁치, 정어리 등의 등 푸른 생선과 현미, 계란, 시금치, 땅콩 등이 있다

칼슘, 가임기부터 내내 꾸준히 섭취해야 할 영양소

임신 기간에는 태아의 성장 발달을 위해 홑몸일 때보다 많은 양의 칼슘을 섭취해야 한다. 임신부가 충분한 양의 칼슘을 섭취해야 신생아의 골밀도가 높아지고 제대로 성장할 수 있기 때문이다. 특히 칼슘이 많이 필요한 시기는 태아의 골격이 급격하게 성장하는 임신 6개월 이후부터다. 이때 모체에 저장된 칼슘이 적으면 안되니 가임기 여성이라면 칼슘 축적을 위해 임신 전부터 매일 700mg씩 칼슘을 꾸준하게 섭취하고, 임신 초기부터는 매일 1,000mg을 꾸준히 섭취하는 게 좋다. 수유기에는 더 많은 칼슘이 필요하므로 매일 1,100mg을 섭취한다. 칼슘이 많은 음식은 멸치, 새우, 쥐포, 달걀 노른자 등이고 식물로는 콜리플라워, 케일, 배추, 브로콜리, 순무잎, 고춧잎 등이다. 시금치, 무청 등에도 칼슘이 풍부하지만 수산이 같이 함유되어 흡수율이 낮다.

아연, 소량이지만 없어서는 안 될 영양소

아연은 인체 내에 약 1.5~2.5g 정도밖에 없지만 체내에서 여러 가지 중요한 역할을 담당하고 있다. 인체의 100여 종 이상의 효소는 아연이 있어야만 활동하며, 면역 체계나 성장 부위, 생식 세포와 같이 세포 교체가 많은 조직에서도 아연은 필수적인 역할을 한다. 아연 부족은 유산이나 사산, 태아의 발육 부진, 선천선 기형 등을 유발할 수 있다. 또한 콜라겐의 주요성분인 아연을 섭취하면 결합 조직의 탄력이 좋아져 양수가 튼튼해지며 일찍 터지는 일도 발생하지 않는다. 아연은 굴, 게, 새우, 소고기를 비롯한 육류에 많고 곡류의 배아나 외피에 많이 함유되어 있으므로 통곡을 그대로 먹거나 발아시켜서 먹는 것이 좋다.

필수지방산, 태아의 몸을 구성하는 영양소

필수지방산은 오메가3, 6, 9로 나뉜다. 오메가3는 생선과 견과류, 채소, 들기름, 콩기름 등에 많이 들어 있는 EPA, DHA 등이고 오메가6는 달맞이종자유에 들어 있는 감마리놀렌산, 살코기에 들어 있는 아라키돈산 등이며, 오메가9은 올리브오일을 들 수 있다. 필수지방산은 신체 성장, 피부 기능, 생식기능, 뇌의 발달과 기능, 망막 성장 등에 중요한 요소로 작용하며 통증 조절과 혈액 순환에도 중요한 역할을 한다.

임신을 돕는 음식

임신을 위한 몸 만들기는 의외로 간단하다. 기본적으로는 균형 잡힌 식사와 함께 물을 충분히 마시고 규칙적인 운동을 하며 술과 담배를 금한다. 여기에 임신을 돕는 음식을 잘 섭취하면 임신 확률이 훨씬 높아지고 아이의 건강에도 도움이 된다. 영양소가 풍부한 양질의 음식을 골고루 먹고 생식기능을 교란하는 환경호르몬이나 농약이 함유된 음식은 피해야 한다.

통곡물 | 현미나 통밀 같은 통곡물은 비타민B와 비타민E가 풍부해 호르몬이 균형을 이루도록 돕는다. 또한 세포의 성장을 촉진시켜 건강한 난자와 정자를 만드는 데 도움이 된다. 특히 쌀눈에는 강력한 항산화제인 비타민E가 풍부한데 비타민E는 정자의 생존율을 높이고 배란을 조절하며 자궁경부 점액을 만드는 데 관여하는 임신 필수 영양소이다.

고추 | 고추의 매운 맛을 내는 캡사이신은 혈액 공급을 원활하게 하여 생식기의 혈류량을 증가시키고, 엔도르핀 생성을 촉진해 수정을 도우며, 스트레스를 완화해 준다. 고추에 풍부한 비타민C는 철분의 흡수를 돕고 캡사이신은 비타민C의 산화를 막아 준다.

꿀 | 꿀은 생식기관에 도움이 되는 미네랄과 아미노산이 풍부해 난소의 원활한 기능을 돕는다. 당분이 높은 식품이니 너무 많이 먹는 것은 삼간다.

마늘 | 마늘에 풍부한 셀레늄은 생식기능을 높이고 조기유산을 방지한다. 또 마늘에 함유된 비타민B6는 호르몬을 조절하고 면역 시스템을 강화한다. 마늘은 항산화 식품으로도 유명하며 남성호르몬의 분비를 돕는 정력제로도 알려졌다.

시금치 | 풍부한 엽산이 건강한 정자와 난자의 생산을 촉진해 임신에 도움이 된다. 임신 초기에는 신경관 결손과 같은 기형을 예방하기도 한다. 시금치에는 철분과 비타민C가 풍부하기 때문에 빈혈을 예방하고 정자의 DNA를 보호하는 효과도 있다.

살코기 | 소고기와 같은 붉은 고기는 철분이 풍부해 빈혈을 예방하고 적혈구의 생산과 기능을 돕는다. 또한 수정에 도움이 되므로 가임기 여성에게 좋은 음식이다.

굴 | 아연이 매우 풍부한 음식이다. 아연은 임신에 가장 중요한 영양소로, 건강한 정자와 난자를 만들어 준다. 굴을 좋아하지 않는다면 달걀, 견과류, 콩, 통곡, 호박씨를 대신 섭취한다.

견과류 | 오메가3, 단백질, 미네랄 등도 풍부한 견과류는 태아의 두뇌 발달을 돕고 기형아 발생률을 낮추며 임신 초기의 입덧을 줄여 주는 등 순기능이 많아 가임기 여성이라면 꼭 섭취해야 할 식품이다. 그러나 간혹 땅콩이나 땅콩버터 같은 알레르기성 식품의 경우, 모체를 통해 태아에게 전달되면서 알레르기성 질병인 아토피, 천식 등을 일으키는 과민체가 형성될 수 있다는 연구 결과가 있으니 알레르기 가족력이 있는 여성은 조심하는 것이 좋다. 알레르기가 걱정된다면 비교적 알레르기 반응이 덜한 호두나 아몬드 위주로 섭취하고, 그마저 어렵다면 오메가3 영양제인 아마유, 오메가6 영양제인 달맞이꽃종자유를 아침저녁으로 복용하도록 한다.

생선 | 생선에는 필수지방산이 풍부하다. 연어, 고등어, 정어리 등에 들어 있는 오메가3와 오메가6는 호르몬 대사를 돕고 생식기능을 조절하며 정자의 운동성과 생존율을 높인다. 근래에는 연근해 오염으로 인해 생선에 수은과 같은 중금속의 함량을 걱정하는 사람이 많지만 대체로 수은이 많이 함유된 어류는 먹이사슬 맨 꼭대기에 있는 고래, 상어 등이다. 작은 참치를 잡아 만드는 참치 통조림을 비롯하여 우리가 흔히 먹는 생선은 안전한 편이니 마음 놓고 먹어도 된다.

❖ 임신했을 때 피해야 할 음식

커피나 카페인이 함유된 음료를 규칙적으로 마셔 왔다면 줄이거나 끊는 것이 좋다. 연구 결과에 따르면 하루에 300mg 이상의 카페인을 섭취하면 임신 가능성이 27퍼센트 줄어든다고 한다. 보통 커피 한 잔에는 150mg의 카페인이 함유되어 있고, 프랜차이즈 커피전문점의 큰 사이즈 커피에는 400mg 정도가 들어 있다. 다이어트콜라에는 45mg, 30g의 다크초콜릿에는 20mg, 녹차 한 잔에는 15mg 정도의 카페인이 들어 있으니 이들의 음식도 조심해야 한다.

정제된 탄수화물인 케이크, 사탕, 아이스크림, 설탕, 젤리, 잼, 코코아, 시럽, 초콜릿, 흰쌀밥, 흰 빵, 국수, 청량음료, 가당 과일주스 등도 삼간다. 이런 음식은 체내 대사 과정에서 비타민, 미네랄, 효소 등이 과다하게 소모되므로 지속적으로 섭취할 경우 영양소 결핍이 생길 수 있다. 또한 과도한 당분이 췌장을 자극해서 인슐린이 과다 분비되면 난소의 여성호르몬 생성에 문제가 생기고, 호르몬 생산 기관인 부신의 기능도 떨어져 임신하는 데 악영향을 미친다. 냉면, 돼지고기 같은 성질이 찬 식품도 많이 먹지 않는 게 좋다.

Juice & Sparkling
Tropicana
Spirit
Absolutely 100
White Grape
토로피카나 스피릿

행복한 임신을 위한 건강한 생활습관

임신을 계획하고 있다면 생활환경도 임신에 걸맞게 바꿔야 한다.
건강하고 축복 받은 아이가 태어날 수 있도록 엄마가 챙겨야 할 라이프스타일 변화에 대한 정보를 모았다.

낮은 굽과 조이지 않는 편안한 옷

하이힐을 신으면 발은 물론 무릎, 골반, 허리에까지 무리가 와, 임신 중, 혹은 임신 후에 요통이나 골반통, 허리 디스크 등으로 고생할 수 있다. 임신을 앞두고 있다면 하이힐은 벗어던지고 굽이 낮고 너비가 넓은 편안한 신발을 신자. 최근 유행하는 스키니진처럼 꼭 끼는 옷도 임신과는 거리가 멀다. 옷이 몸에 딱 붙으면 골반이나 다리의 혈액 순환을 방해해 임신에 악영향을 끼칠 수 있다.

격렬한 운동보다는 걷기와 가벼운 스트레칭

임신 초기에는 격렬한 운동만으로도 태아가 위험할 수 있다. 임신부에게는 격렬한 운동보다는 걷기와 가벼운 스트레칭이 더 효과적이다. 요가, 태극권 등의 적당한 운동은 혈액 순환을 좋게 하고 척추와 사지 관절을 부드럽게 해 몸에 활력을 준다. 골반, 척추, 허벅지의 근육이 튼튼하면 임신 후반기의 요통을 예방할 수 있고 출산 후 회복도 빠르니 운동을 게을리하지 말자.

휴대폰은 가급적 제한, 살충제도 멀리하기

휴대폰에서 방출되는 전자파는 수정란과 같이 세포 증식이 활발한 곳에 나쁜 영향을 준다고 알려져 있다. 또 호르몬 대사를 교란할 수 있기 때문에 태아나 모체에 해로울 수 있다. 살충제도 가급적 임신부에게 노출되지 않도록 주의해야 한다.

감기약 등 약물이나 보약 복용은 주의

감기약이나 진통제와 같은 약물을 복용해야 할 경우에는 의사와 상의한 후에 복용한다. 임신에 도움이 되는 보약을 복용할 때도 한의사와 충분한 상담을 한 후에 복용하는 게 좋다.

정기적인 영양제 섭취

임신을 계획하는 사람들은 무엇보다도 먼저 엽산을 섭취해야 하는데, 종합비타민제처럼 엽산이 들어 있는 임부용 영양제를 매일 먹는 것이 좋다. 임부용 영양제는 임신 시 필요한 비타민과 미네랄이 충분히 들어 있는지, 안전한 것인지 확인한 후에 선택한다. 참고로 비타민A의 과다 복용은 선천성 기형을 유발할 수 있으므로 일일 권장량 이상 섭취하지 않도록 주의한다.

충치 치료용 아말감은 임신 전에 미리 제거

치과에서 충치를 덮는 재료로 주로 쓰이는 아말감은 수은으로 만든 물질이다. 수은은 혈액뇌관문과 태반장벽을 쉽게 통과해 신장, 간, 장, 턱, 뇌에 축적되어 태아에게 치명적인 영향을 미칠 수 있으므로 아말감 또한 제거하는 것이 좋다. 몸속의 수은 및 중금속을 제거하는 치료법을 킬레이션(Chelation)이라고 하는데, 임신하기 3개월 전에 하는 것이 좋다.

임신을 가로막는 저체중과 비만

불임의 12퍼센트는 체중과 관련이 있다. 저체중과 비만은 모두 여성호르몬 대사의 이상을 초래해 생리 주기 이상이나 무월경의 원인이 될 수 있다.

임신이 잘 되지 않는 저체중

지나친 저체중은 무월경의 원인이 된다. 정상적인 여성은 약 25퍼센트 정도의 체지방량을 유지하지만, 과도한 운동으로 체지방량이 줄면 호르몬을 만드는 전 단계 물질인 콜레스테롤이 감소하고, 지방세포에서 만들어지는 여성호르몬도 감소한다. 거기다 영양이 부족해지면 뇌하수체에서 성호르몬을 적게 만들라는 명령이 떨어져 무월경이나 불임이 될 가능성이 높다. 저체중인 가임기 여성이라면 정제된 탄수화물을 제외한 통곡, 생선, 살코기, 충분한 채소와 과일 등, 다양한 영양분이 함유된 음식을 골고루 섭취해야 한다.

비만과 임신

체지방이 지나치게 많아도 무월경이나 배란 이상으로 불임을 겪을 수 있다. 지방세포는 에스트로겐을 만들기 때문에 비만인 여성은 정상 체중인 여성에 비해 에스트로겐 분비량이 훨씬 많은데, 에스트로겐의 혈중농도가 높아지면 배란 장애나 생리 이상이 생길 수 있다. 또 에스트로겐이 상대적으로 프로게스테론보다 많아지기 때문에 수정되더라도 착상이 어려울 수 있다. 게다가 정제된 탄수화물이나 당분을 많이 섭취하면 인슐린의 혈중농도가 높아지고 이 인슐린이 남성호르몬인 안드로겐을 생성하는데, 안드로겐은 배란을 방해하는 다낭성난소증후군을 일으켜 임신을 어렵게 한다. 다낭성난소증후군이 있는 사람 중 70퍼센트는 비만인데, 체중을 조금만 줄이고 식습관을 고치면 생리가 정상적으로 이루어지면서 임신 가능성이 높아진다고 한다.

임신을 했다면 다이어트는 금물

세계보건기구에서 권장한 임신부 에너지 증가분은 하루에 300kcal이다. 임신 10주까지는 체중 증가가 거의 일어나지 않기 때문에 특별히 음식 섭취를 추가할 필요가 없지만, 임신 후반기에는 태아와 임신부 모두 에너지가 필요하기 때문에 식사 사이에도 간식을 먹는 것이 좋다. 임신부가 끼니를 자주 거르면 혈중 포도당과 아미노산 수치가 급격하게 낮아지고 유리 지방산, 중성지방, 케톤체가 증가하여 피로, 현기증, 무력감을 느낀다. 케톤체는 태반으로 이동해 태아에게 나쁜 영향을 끼치기도 한다. 임신 중에 체중을 줄이기 위해서 다이어트를 하는 것은 금물이다. 저칼로리 다이어트를 하는 사람들 대부분은 섭취하는 음식이 영양학적으로 부족하기 때문에 여성에게 특히 필요한 필수지방산, 철, 아연, 엽산, 칼슘 등의 영양소가 부족해지기 쉽다.

임신 중의 체중 증가

임신을 하면 태반이 커지고 태아가 성장하면서 점차 체중이 증가한다. 또 체지방도 증가하는데, 임신 후반기 및 수유 시 필요한 에너지를 충족시키기 위해서 2킬로그램 정도의 새로운 지방이 축적된다. 임신 중 체중 증가의 1/3은 태아, 태반, 양수 등의 무게이고 나머지 2/3는 자궁, 유방을 비롯한 모체 조직과 혈액을 포함한 체액 증가분이다. 보통 임신 10주 이후부터 체중이 점차적으로 증가하는데 평균적으로 10.5~12.5킬로그램 정도가 증가한다. 물론 개인별로 차이가 있을 수 있다.

임신 단계별 음식 선별법

임신 단계에 따라 태아와 모체에 필요한 에너지 요구량과 영양소의 종류가 달라지기 때문에 음식을 섭취할 때 종류와 양, 그리고 횟수에 주의를 기울여야 한다. 임신 초기에는 태아의 기형이나 유산을 방지하기 위한 음식에 신경을 쓰고 임신 중기부터는 풍부한 영양소뿐만 아니라 적절한 에너지원이 공급되도록 식단을 짜도록 하자.

임신 초기, 아이의 발달과 입덧 해결

아이의 두뇌 발달을 촉진하기 위해 달걀노른자, 견과류, 생선, 간 등을 섭취한다. 특히 대구간유는 임신중독증 및 조산 위험을 줄이며 아이의 지적 능력을 극적으로 높여 준다.

몸의 독소를 빼 주는 브로콜리, 콜리플라워, 양상추, 케일, 무 등의 다양한 채소를 물과 함께 먹으면 체내외의 독이 아이에게 전달되지 않아 선천성 기형을 예방할 수 있다.

입덧 해결에는 생강이 제일이다. 생강은 장의 순환을 도와 입덧을 완화한다. 레몬이나 오렌지 껍질의 향은 메스꺼움을 덜어 준다. 아침 공복에 크래커나 쌀과자같이 바삭바삭한 것을 먹거나 시원한 과일주스를 마시는 것도 도움이 된다. 짭짤한 음식이나 비타민이 강화된 시리얼도 도움이 되며 얼음처럼 치기운 음식도 음식 고유의 냄새를 술여 입덧을 완화한다. 입덧이 심하다면 마늘 달인 물을 마시는 것도 효과가 있다.

과도한 비타민A 섭취는 금물이다. 이 시기에는 비타민A가 들어간 동물의 간, 어유, 달걀 등은 너무 많이 먹지 않도록 조심해야 한다. 모체의 간에 있는 고농도의 비타민A는 엽산의 대사를 억제하여 태아의 중추신경계나 비뇨 생식기 기형을 초래할 수 있다. 그러나 비타민A의 전 단계 물질인 베타카로틴은 많이 섭취해도 괜찮으니 당근, 늙은 호박, 녹색 채소, 옥수수, 토마토, 오렌지, 김 등 베타카로틴이 많이 함유된 음식은 꺼리지 않아도 된다.

임신 중기, 임신한 몸 상태에 적응하기 위한 음식

속 쓰림을 줄이려면 글루타민이 많은 된장, 콩나물을 먹는 것이 좋다. 장 점막을 보호하는 알로에도 도움이 된다. 미역국과 바나나도 속 쓰림에 좋다. 위장 기능의 이상은 임신 중에 흔히 생기는 증상이다. 임신부의 절반가량은 속 쓰림을 경험하는데, 임신 후반기로 갈수록 증가하는 경향이 있다. 이때는 적은 양의 음식을 자주 먹는 것이 좋고 매운 음식, 기름진 음식은 피해야 한다. 역류는 누워 있을 때 심해지니 음식을 먹고 바로 잠자리에 들지 말고, 잘 때는 머리나 상체를 높여서 자는 것이 좋다.

변비를 예방하기 위해서는 충분한 수분을 섭취하고 섬유질이 많은 채소와 과일을 먹는다. 장운동을 촉진하는 마그네슘이 든 녹색 채소와 견과류를 먹는 것도 도움이 된다. 변비가 계속되다가 임신 후반기에 자궁의 압박이 심해져 복압이 높아지면 치질이 생기기 쉽기 때문에 미리 변비가 생기지 않도록 해야 한다.

태아의 뼈와 치아 성장에 도움이 되도록 칼슘과 비타민D가 많은 생선뼈, 멸치, 대구간유, 녹색 채소 등을 많이 섭취한다. 이 시기에는 아기의 골격뿐 아니라 근육 수축, 정상적인 심장 박동 등을 위해 칼슘이 정상인보다 더 많이 필요하다. 칼슘 섭취가 부족하면 임신중독증, 임신성 고혈압 등의 위험성이 높아지고 태아의 발육이 저하된다.

철분은 계속 챙겨야 한다. 이 시기가 되면 임신부의 혈액량이 증가하여 철분 요구량이 많아지고, 태아의 몸에서도 적혈구가 만들어지기 때문에 모체에서 충분한 철분을 공급해 주어야 한다. 철분은 시금치, 굴, 깻잎 등에 많이 들어 있다.

임신 후기, 면역을 강화하고 출산에 대비

미숙아 출산을 예방하려면 대구간유와 생선을 많이 먹어 오메가3의 섭취량을 늘리고 곡류의 섭취는 줄여야 한다. 미숙아가 생기는 가장 흔한 원인은 오메가3가 부족하거나 곡류를 과다 섭취하는 것이다. 곡류를 많이 섭취하면 아이에게 근시가 발생할 확률도 높다고 한다.

엄마와 아이의 면역 체계를 강화하려면 유산균이 풍부한 음식이 답이다. 김치, 발효유, 된장, 청국장 등, 유산균이 풍부한 음식은 임신 및 수유 기간에 먹으면 좋다. 유산균이 많아지면 아기의 면역력이 높아져 출생 후부터 2세까지 피부 알레르기가 잘 생기지 않는다.

임신 및 출산 후 우울증 방지에는 연어, 정어리, 청어 등의 생선 섭취가 중요하다. 영국에서 진행된 연구에 의하면 임신 마지막 3개월 동안, 일주일에 2~3회 정도 생선을 먹으며 많은 양의 오메가3를 섭취한 여성들이 임신 기간이나 출산 직후 우울증이 덜 발생했다고 한다. 수은이 걱정된다면 수은을 제거한 생선기름 영양제를 먹는 것도 좋은 방법이다.

임신성 당뇨병 예방에는 살코기와 채소, 통곡류가 좋다. 당분이 많은 과일은 삼간다. 임신한 여성 5명 중 1명은 임신성 당뇨병을 앓는데, 당뇨병 증세를 지닌 모체에서 태어난 신생아는 출생 당시 체중이 많이 나가고 분만 시 합병증의 위험이 높다. 또 아이가 커서 제2형 당뇨와 비만으로 발전할 확률이 높아진다. 따라서 모든 임신부는 임신 24~28주에 당뇨가 생기는지 면밀하게 검사를 할 필요가 있다.

임신성 고혈압이나 임신중독증 예방에는 오메가3 필수지방산과 칼슘, 마그네슘, 셀레늄, 비타민E 등이 풍부한 신선한 생선, 멸치, 녹색 채소, 살코기, 견과류 등이 좋다.

분만을 쉽게 하도록 돕는 음식으로는 아연과 마그네슘이 많이 든 굴, 게, 새우, 소고기를 비롯한 육류와 신선한 녹색 채소, 통곡류를 들 수 있다.

출산 후유증, 음식으로 극복

산후 우울증을 잡기 위해서는 '행복 호르몬'이라고 불리는 세로토닌이 필요하다. 세로토닌을 만드는 원료는 트립토판인데 이것이 많이 든 연어, 콩, 소고기, 양고기, 닭고기, 칠면조, 새우 등을 자주 섭취하면 기분이 나아진다. 오메가3 지방산, 즉 DHA, EPA 등의 필수지방산이 부족해도 우울증이 생길 수 있기 때문에 생선이나 오메가3 영양제를 먹는 것도 중요하다. 출산 후에 생길 수 있는 감정적인 변화는 대부분 쉽게 극복할 수 있지만, 충분한 휴식을 취하지 못하거나 적절한 영양을 공급받지 못하면 심각한 우울증으로 진행될 수 있으니 주의해야 한다.

출산 후의 은밀한 고민인 탈모는 스트레스로 인해 부신 기능이 떨어져 갑상선의 활동이 미진하거나 셀레늄 부족으로 갑상선 호르몬 중 T3 변환이 잘 안 될 때 심해진다. 단백질을 비롯한 전체적인 영양소의 결핍이 있을 때에도 탈모가 생기니 미역과 같은 해조류, 생선, 채소, 살코기 등을 충분히 섭취하는 것이 좋다.

여러 부위의 관절 통증에는 소간, 버섯, 감자, 브로콜리 등이 좋다. 임신 중에는 강력한 태반 호르몬이 근골격과 관절을 안정시키는 역할을 하는데, 출산 후에는 태반 호르몬의 작용이 없어져 골반뼈, 팔다리, 척추가 쑤시는 경우가 많다. 출산 후에는 충분한 안정을 취하고, 몸을 따뜻하게 한다.

모유 수유기, 엄마의 영양이 가장 중요

아기에게 충분한 영양을 주려면 산모는 일반 여성보다 하루 500kcal 정도를 더 섭취해야 한다. 출산 후 4~6개월이 지나면 영아의 몸무게가 태어날 때의 두 배가 되는데, 분유를 먹는 아이가 아니라면 모유를 통해 모든 영양이 공급된다. 모체에 저장되어 있는 영양소를 이용해서 모유가 만들어지므로 산모의 식사량이 적어 영양 섭취가 충분하지 못하면 여러 가지 건강상의 문제를 일으키게 된다. 모유의 질은 엄마가 섭취하는 음식에 따라 좌우되기 때문에 산모는 단백질, 비타민, 미네랄 등이 풍부한 음식을 섭취해야 한다.

엄마에게 알레르기나 아토피가 있을 경우 알레르기를 일으키는 음식은 수유 때부터 특별히 조심해야 한다. 알레르기를 일으키기 쉬운 음식인 우유, 콩, 달걀, 밀가루 등도 조심한다.

임신 기간의 신체적 변화 대응법

임신이 진행되는 동안 모체는 여러 경험을 하게 된다. 임신 중에 일어날 수 있는 여러
변화와 그 대처법에 대해 알아보자.

입덧, 임신 초기의 불청객

입덧은 대체로 임신 7~9주부터 시작해서 12주까지 기승을 부리는데, 좀 더 빨리 나타나기도 하고
16주까지 지속되는 경우도 있다. 입덧이 심할 때는 아침에 일어나서 천천히 걷는 것이 도움이 된다.
공복이 되지 않도록 단백질이 풍부한 식단으로 소량씩 자주 먹되, 충분한 수분을 섭취한다.

임신 중기의 왕성한 식욕

임신 중반기에 들어서면 입덧도 없어지고 태아와 모체에서 필요로 하는 에너지와 영양소의 양이 증
가하기니 먹고 싶은 욕망이 강해진다. 이때는 균형 잡히고 영양 밀도가 높은 식사를 하는 것이 중요
하다. 혈당이 일정해야 하기 때문에 식사 사이에도 간식을 먹으며 기존 혈당 수치를 유지한다. 단,
특정한 음식만 많이 먹지 않도록 주의하고 달거나 맵거나 짠 음식들은 피한다.

임신중독증, 스트레스가 원인

임신중독증이란, 단백뇨가 나오면서 다리가 붓고 혈압이 높아지는 질병이다. 특히 직장 여성이 많이
걸리니 평소 업무 스트레스가 많은 편이라면 임신 중에는 절대 스트레스를 받지 않도록 조심해야
한다. 업무 환경상 어려울 경우 아이와 자신을 위해 잠깐의 휴식을 취하는 것도 나쁘지 않을 것이다.

임신 후기의 불면증 완화법

임신 후기에는 똑바로 누우면 자궁이 혈관을 압박해 다리가 붓거나 호흡이 가빠지기 때문에 옆으로
누워 자야 한다. 좌우로 자주 자세를 바꾸며 수면을 취해야 하는데, 반듯이 자는 버릇이 있는 사람
들은 옆으로 잘 때 숙면을 취하기가 힘들 수 있다. 이럴 때는 따뜻한 물로 목욕을 해서 근육을 이완
시키면 쉽게 잠을 청할 수 있다. 배우자가 해주는 가벼운 마사지도 도움이 된다.

소변을 자주 본다면 항문 운동을

출산이 임박해 오면 태아와 자궁의 크기가 커지면서 방광을 압박해 소변을 자주 보게 된다. 이럴 때
는 항문을 조이는 운동을 규칙적으로 하면 도움이 된다. 항문을 5초간 수축했다가 2초 이완하는 것
을 50~100회 반복한다.

임신 열 달간의 몸의 변화

임신 기간에는 모체와 태아 모두 여러 가지 신체적 변화를 겪는다. 착상부터 출산까지 겉으로 드러나는 모체의 변화와 엄마 배 속에서 진행되는 태아의 변화를 월별로 살펴보자.

1분기

임신 1분기 반포, 배아의 단계를 거쳐서 태아로 성장하는 과정인데 임신 첫 8주 동안의 배아기와 그 후의 태아기로 나뉜다. 이 시기에는 유산이 되기 쉬우므로 임신이 잘 유지되도록 주의한다. 태아의 뇌와 신경계 발육이 활발한 때이니 영양 공급에도 신경 쓴다.

임신 1개월

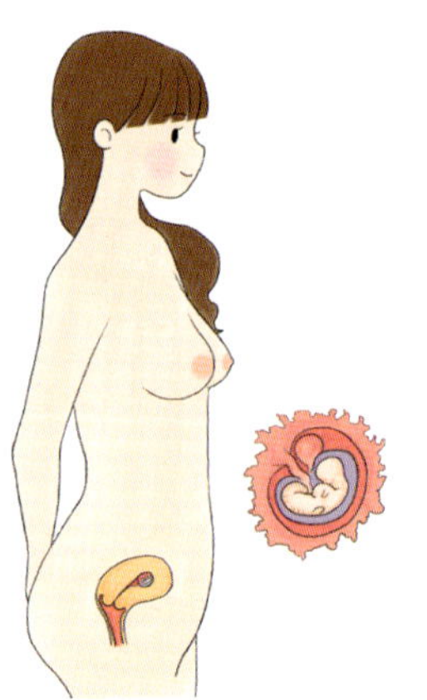

아기는 : 임신 초기의 몇 주 동안은 수정란이 착상되기 전이므로 모체나 수정란이 불안정하면 착상에 실패하기도 하고 임신을 확인하기 전에 유산될 수도 있다. 3주가 지나면 배아는 신체 기관을 형성하기 시작한다. 배아의 바깥 부분은 뇌, 신경계, 피부가 되고, 가운데 부분은 심장, 혈관, 신장, 근육과 뼈를 형성하며, 안쪽 부분은 소화기, 호흡기 및 내분비 조직으로 발전한다.

엄마는 : 임신을 했는지 잘 모르는 경우가 많다. 생리 주기를 지나쳐 임신을 의심할 수도 있다. 평소보다 피곤하거나 소변을 자주 보기도 한다.

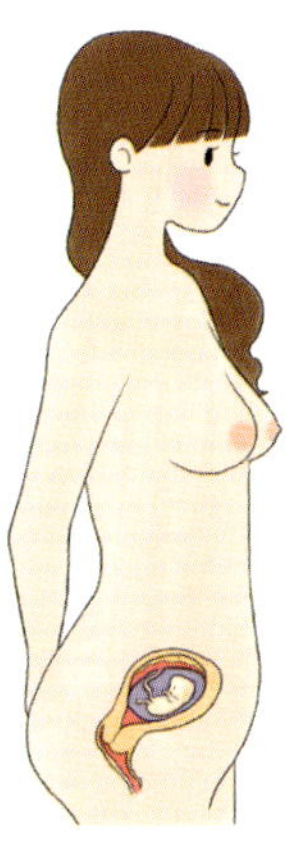

아기는 : 임신 5주가 되면 신경계와 인체의 각 시스템이 만들어진다. 뇌의 80퍼센트가 이 시기에 만들어진다. 7주째가 되면 심장이 뛰기 시작하고 신체의 각 기관들이 급속히 분화를 시작한다. 임신 8주까지의 배아기에 뇌, 척수, 심장, 간 등의 신체 기관들이 만들어지기 때문에 산모의 균형 잡힌 영양 섭취가 매우 중요하다. 이 시기에 영양소 공급이 충분하지 못하면 태아의 발달과 성장이 둔화되고 선천성 기형이 생길 수 있다.

엄마는 : 예민한 임신부는 이 시기에 메스꺼운 증상이나 입덧을 경험하기도 한다. 임신 호르몬의 영향으로 정서적으로 불안정할 수도 있다. 이 시기에 가장 흔한 증상은 피곤함을 쉽게 느끼는 것이다.

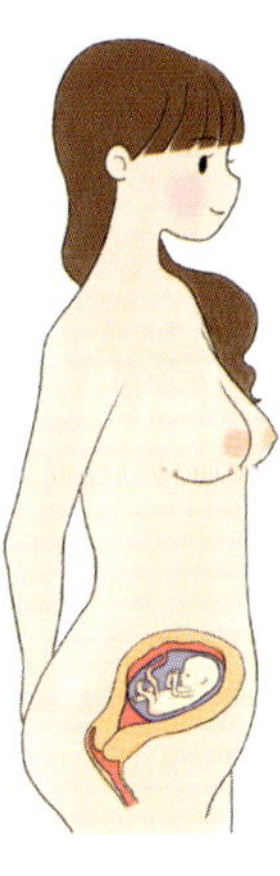

아기는 : 치아가 생기기 시작하고 연골이 뼈로 변화하며 코, 눈썹, 손톱, 피부가 생긴다. 팔과 다리가 생기며, 남녀 구분이 가능해진다. 이 시기가 지나면 초기의 신체 기관의 형성이 끝나기 때문에, 유산이나 선천성 기형이 유발될 가능성은 거의 없다.

엄마는 : 임신 7～9주 사이에 시작된 입덧이 이 시기가 되면 심해졌다가 2분기로 넘어가며 점차 호전된다. 태아와 태반으로 혈액을 공급하는 심혈관계가 임신 상태에 적응을 하여 모체는 이전보다 피로를 덜 느끼게 된다. 자궁은 자몽 정도로 커져서 손으로 배를 만지면 느낄 수 있다. 체중이 늘며 옷들이 꽉 끼기 시작한다.

2분기

임신부가 육체적으로, 정신적으로 가장 안정되는 시기이다. 피곤한 증상과 입덧이 없어지며 식욕이 회복된다. 태아와 자궁이 아직 작아 압박감도 없다. 2분기는 본격적인 태아의 성장과 임신으로 인한 모체의 기관 성장으로 모체에는 더 많은 칼로리, 단백질, 칼슘, 철분이 필요한 시기이다. 하지만 식욕이 당긴다고 해서 달거나 기름진 음식을 너무 많이 섭취하지 않도록 주의한다.

임신 4개월

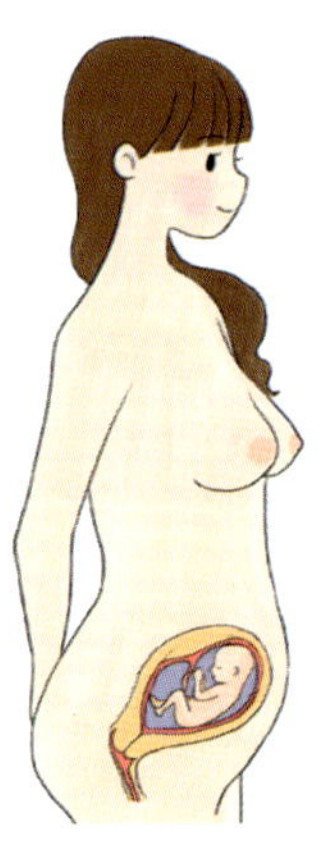

아기는 : 태반이 완성되어 모체로부터 영양소와 산소를 원활하게 공급받고 노폐물을 보낼 수 있게 된다. 태아의 크기는 손바닥만 하고 눈과 귀가 만들어지며 얼굴 형태를 제대로 갖추게 된다. 손가락을 빨고 다리를 움찔거리는 등, 팔다리의 움직임이 생기기도 한다. 소화기계, 비뇨기계가 활동을 시작하여 양수를 삼킬 수 있게 되고 소변이 만들어진다.

엄마는 : 임신부는 입덧이 사라져서 입맛이 돌아오고 특정한 음식을 더 먹고 싶어 하기도 한다. 밤에 소변을 자주 볼 수도 있다. 임신이라는 정신적, 육체적 변화에 대해 조금씩 받아들이며 안정되는 시기다. 이 시기는 치아가 쉽게 썩고 치주염이 발생하기 쉬우니 칼슘과 비타민이 풍부한 음식을 많이 먹고 식사 후 반드시 칫솔질을 하도록 한다.

임신 5개월

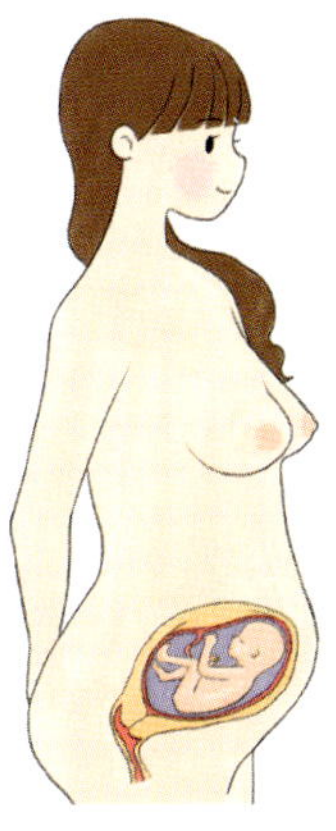

♔ **아기는** : 심장의 움직임이 활발해서 청진기로 들을 수 있다. 근육과 골격이 발달해서 팔다리를 활발하게 움직이므로 자궁벽에 부딪혀 엄마가 느끼기도 한다. 소리를 듣고 빛에 반응하기도 한다.

♔ **엄마는** : 임신부는 유산의 위험이 없어지고 식욕이 좀 더 좋아진다. 그동안 없었던 태동이 조금씩 느껴져 임신을 실감하는 때이기도 하다. 다른 사람이 알 만큼 배가 조금씩 불러 온다. 허리에 조금씩 부담이 가므로 복대를 착용하는 것도 좋다. 복대는 배의 아래쪽은 달라붙게, 위쪽은 느슨하게 감는다. 요즘은 복대를 대신한 임신부용 거들도 나와 있어 간편하게 이용할 수 있다.

임신 6개월

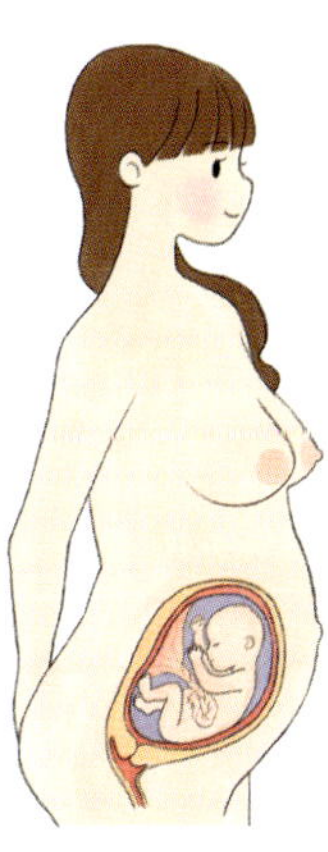

♔ **아기는** : 양수의 양이 많아지면서 더욱 활발하게 움직인다. 잠자고 깨는 사이클이 생기며 눈을 감았다 떴다 한다. 난소와 고환이 완전히 형성된다. 여아의 경우 한평생 배란할 난자가 이때 만들어진다. 태아의 몸 전체가 태지라는 크림치즈 같은 지방으로 뒤덮이는데 이는 추후 산도를 빠져나갈 때 윤활유 역할을 하게 된다. 수정 직후 발달하기 시작한 뇌세포가 이 시기에 완성된다.

♔ **엄마는** : 임신선, 즉 배꼽에서 치골로 내려가는 선에 색소 침착이 생겨 누가 봐도 임신한 것을 알 수 있다. 유선이 발달해 황색의 초유가 나오기도 한다. 피하지방이 불어서 체중이 눈에 띄게 늘어난다.

3분기

모체와 태아의 에너지 대사량이 증가하고 태아가 빠른 속도로 성장하기 때문에 단백질, 탄수화물, 필수지방산, 철분, 칼슘, 아연 등 모든 영양소가 충분히 갖추어진 음식을 자주 섭취해야 한다. 태아가 커지고 양수의 양이 많아져서 횡격막을 압박하여 위장과 호흡에 영향을 주고 방광을 압박해서 소변을 자주 보게 된다.

임신 7개월

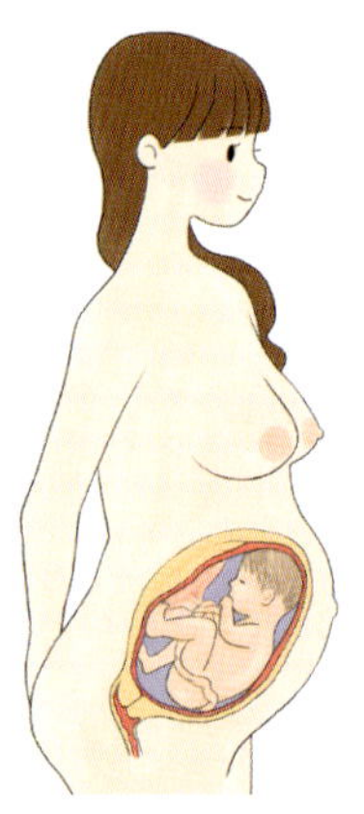

♕ **아기는** : 피부 아래에 지방이 축적되기 시작하며 콧구멍이 뚫려 호흡을 할 준비를 한다. 배 속의 움직임이 크게 늘기도 한다. 피부는 붉은 색을 띠고 있고 아직 얼굴에 주름이 많아 노인처럼 보인다. 남아의 경우, 복강 내에 있었던 고환이 음낭 속으로 내려온다.

♕ **엄마는** : 자궁이 커져서 위장을 압박하기 때문에 소화가 잘 안 되고 하복부에 통증이 생긴다. 태아가 대퇴정맥을 압박해 자다가 다리에 쥐가 날 수도 있다. 배가 불러 오면서 피부가 당기므로 피부가 약한 사람은 배, 유방, 허벅지 등에 가느다란 튼살이 생기기도 한다. 피가 묽어져 빈혈이 생기기 쉬우며 부종이 나타난다.

임신 8개월

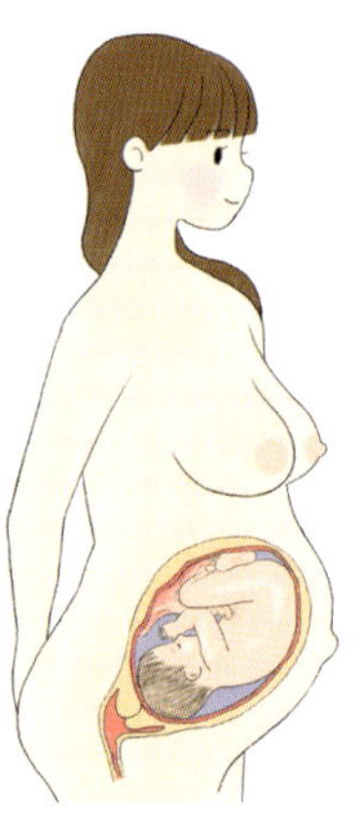

♕ **아기는** : 피하지방층이 형성되어 몸이 통통해지고 주름이 줄어들며 아기의 모습을 갖춘다. 간에 철분이 축적된다. 깨어 있는 듯한 얕은 수면인 렘 수면을 시작한다. 청각이 발달해 엄마 말에 반응하게 된다.

♕ **엄마는** : 자궁이 횡격막을 압박하기 때문에 숨이 가빠지고 속 쓰림이나 소화 장애가 일어나기도 한다. 태아가 커 갈수록 편한 자세로 자기가 힘들어진다. 태아가 방광을 압박해서 소변을 자주 보게 된다. 임신중독증이 생길 수 있으니 주의한다. 과로할 경우 조산할 위험성이 높아지니 무리한 일은 하지 않도록 한다.

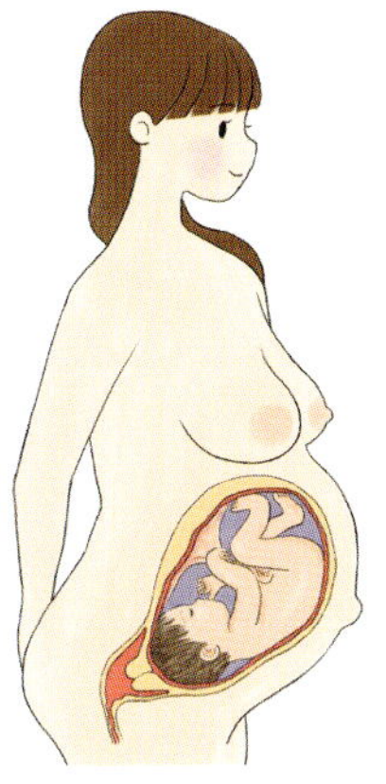

아기는 : 엄마의 젖을 빠는 것과 같은 빨기 반사를 시작하고 폐와 심장도 세상에 나가서 활동할 수 있는 상태가 된다. 뇌가 급속히 성장하여 보고 들을 수 있다. 몸을 덮고 있던 솜털이 없어지고 모체로부터 항체를 전달받아서 면역 능력을 갖춘다.

엄마는 : 태아의 움직임을 강하게, 그리고 규칙적으로 느낄 수 있다. 태아와 태반으로 인해 복압이 높아지기 때문에 다리에서 심장으로 되돌아오는 정맥의 흐름이 약해져서 발목이 잘 붓는다. 여성호르몬인 프로게스테론의 영향으로 혈관벽이 이완되어 다리의 혈액 순환 능력이 떨어질 수도 있다. 프로게스테론이 장의 평활근을 이완시켜서 장운동이 약화되므로 변비가 잘 생긴다. 자궁은 9개월 초에 늑골 바로 아래까지 올라와서 폐, 심장, 위를 누르기 때문에 숨이 차고 속이 쓰리는 증상이 계속될 수 있다.

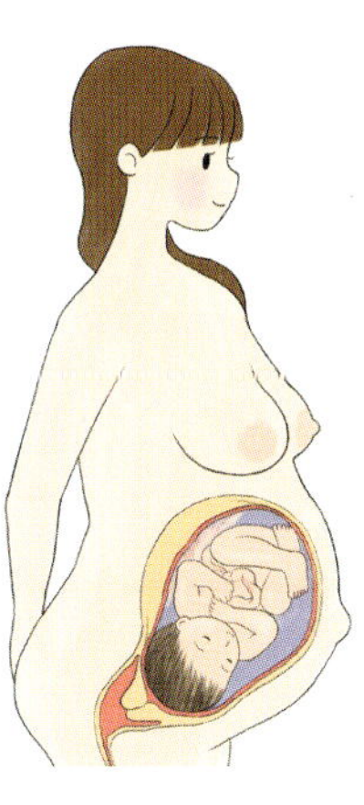

아기는 : 폐포 내의 폐포 활성물질이 출산 전까지 계속 증가하여 출생 후 아기가 스스로 호흡을 잘할 수 있게 한다. 태아의 장에는 태변이 가득 차게 되는데, 출생 후 처음 장운동을 할 때 배출된다. 그 외의 모든 장기들도 완전히 성숙해서 출산을 기다린다.

엄마는 : 자궁 경부가 부드러워지면서 출산을 준비한다. 임신 마지막 주에는 양수가 줄어들면서 태아가 자궁 내부를 거의 차지하고 태아의 머리가 아래로 향한다. 따라서 폐와 위의 압박감은 덜하지만 방광이 눌려 자주 소변을 봐야 하고 깊은 잠을 자기 힘들 수 있다.

임신 전에 미리 받아야 할 병원 검사

호모시스테인 검사

호모시스테인 검사는 임신 전에 반드시 받아야 할 필수 검사이다. 혈중 호모시스테인이 높으면 임신중독증과 태반 제대혈관의 이상이 생길 위험이 높아지는데 심각할 때는 태아의 척수신경에 기형이 올 수도 있다. 문제는 태아 척수신경은 임신부가 임신을 깨닫지 못했을 시기에 형성되므로 임신 중에는 이 수치가 높다는 것을 알더라도 손쓸 수 없다는 점이다. 따라서 임신을 앞두고 있다면 이 검사를 반드시 받아 두는 것이 좋다.

풍진 검사

풍진은 바이러스에 의한 감염으로 증세가 감기와 비슷하다. 평소에는 그다지 위험한 병이 아니지만 임신 초기에 발병할 경우 태아가 선천성 기형이 될 가능성이 매우 높다. 일단 풍진 항체 검사를 받은 후 항체가 없는 경우에는 백신 접종을 하고, 접종 후 2개월 정도는 피임한다.

간염 검사

간염을 앓은 적이 있거나 간염을 앓고 있는 임신부가 낳은 아기는 간염을 앓을 확률이 높다. 간염은 자기도 모르게 앓고 있는 경우가 많기 때문에 반드시 임신 전에 검사를 받아 예방 접종이나 적절한 치료를 해야 한다.

결핵 검사

아무리 의학이 발달하고 영양 상태가 좋아졌다고 해도 결핵을 앓고 있는 사람들은 아직 많다. 임신한 후에는 결핵이 의심스러워도 마음 놓고 엑스레이 검사를 받기 어려우므로 임신하기 전에 검사를 받아 치료해 두는 것이 안전하다.

고혈압 검사

최고 혈압이 140mmHg 이상이고 최저 혈압이 90mmHg보다 높을 때 고혈압이라고 한다. 고혈압인 사람이 임신을 하면 태아에게 위험이 따를 수 있고 임신중독증을 일으킬 수 있으므로 의사의 지시가 있을 때까지 피임하는 것이 원칙이다.

빈혈 검사

임신을 하면 혈액량이 늘지만 적혈구 수는 늘어나지 않기 때문에 평소보다 혈액의 농도가 옅어진다. 또 태아가 많은 양의 철분을 엄마로부터 흡수해 가기 때문에 정상적인 경우라도 빈혈이 되기 쉽다. 임신 전에 빈혈 여부를 판단하여 미리 치료해 둔다.

🧪 매독 검사

매독 검사는 모자보건법에 의해 의무적으로 받게 되어 있다. 검사 결과 양성이라면 남편도 감염 여부를 검사해 함께 치료를 받아야 한다. 매독에 걸린 여성이 임신을 하면 유산이나 사산의 위험이 있고 임신부 본인도 위험에 처할 수 있다.

🧪 당 검사

당뇨병은 비만이나 스트레스가 원인이 되어 일어나는 경우가 많으며 유전되기 쉽다. 혈당치가 높은 여성이 낳은 아기의 4~12퍼센트가 기형이라고 한다. 검사 후 수치가 높게 나오면 임신하기 전까지 적절한 식이요법과 운동 등으로 당 수치를 끌어내리는 게 좋다.

🧪 구강 검사

임신 중에는 엑스레이 촬영이나 마취 주사 등이 어려우므로 미리 적절한 치료를 받아 두는 것이 좋다. 스케일링 등의 간단한 치료는 임신 후에도 가능하나 발치나 신경 치료 등은 마취가 필요한 검사이니 임신 전에 치료해 둔다.

🧪 기생충 및 바이러스 검사

고양이 배설물이나 덜 익은 고기를 통해 전염되는 톡소플라즈마병, 사이토메갈로 바이러스는 태아에게 매우 위험하다. 육식 위주의 식생활을 하거나 애완동물을 기르는 사람이라면 간단한 검사를 통해 병을 확인하고 면역 주사를 맞는 것이 좋다.

CHAPTER 02

임신 확률 높이는 가임기 요리

먹을거리는 아기에게 건강한 환경을 만들어 줄 수 있는 중요한 요인이므로 임신 전부터 관리하는 것이 좋다. 예비 엄마를 건강하게 만들고 임신이 잘 되도록 돕는 가임기 맞춤 요리를 모았다.

아스파라거스닭가슴살샐러드

닭가슴살은 지방이 적으면서 단백질이 풍부하다. 여성의 난자는 단백질로 구성되어 있기 때문에 닭고기와 같은 동물성 단백질을 충분히 섭취하면 건강한 난자를 만들 수 있다. 아스파라거스에는 비타민A, C, 철분, 엽산, 칼륨, 칼슘 등의 무기질도 풍부하다.

재료

아스파라거스	8줄기
어린잎채소	1컵
닭가슴살	1조각
소금	조금
후추	1/4작은술
올리브오일	3큰술

1 아스파라거스는 끓는 물에 살짝 데친 다음 찬물에 식힌다. 어린잎채소는 씻어서 물기를 제거한다.
2 닭가슴살은 2~3등분으로 포를 떠서 소금, 후추를 뿌리고 올리브오일에 재운다.
3 2의 닭가슴살을 팬에 넣고 노릇하게 구워 먹기 좋게 자른다.
4 닭고기를 구운 팬에 아스파라거를 넣고 소금을 뿌려 살짝 볶는다. 접시에 아스파라거스, 닭가슴살, 어린잎채소를 담아낸다.

 **아스파라거스는 소금에 데쳐 사용**

아스파라거스를 다듬을 때 질긴 부위를 잘라 내고, 데칠 때 소금을 조금 넣으면 색이 선명해지고 영양분의 손실도 적어진다.

브로콜리수프

브로콜리와 같은 녹색 채소에는 엽산이 풍부하다. 엽산은 태아의 신경관 발달에 중요한 영향을 미치므로 임신 전에는 브로콜리와 같이 엽산이 풍부한 식품을 꾸준히 먹어 주는 것이 좋다.

1 브로콜리는 끓는 물에 살짝 데쳐 찬물에 헹구고 잘게 잘라 준비한다.
2 껍질을 벗겨 얇게 저민 감자는 찬물에 담가 놓는다.
3 팬에 올리브오일을 두른 다음 2의 감자를 볶다가 현미가루를 넣어서 더 볶는다. 여기에 물을 붓고 감자를 푹 익힌다.
4 3의 국물 양이 1/2컵 정도로 줄면 불을 끄고 한 김 식힌 다음 믹서에 브로콜리, 우유, 감자를 넣고 곱게 간다.
5 냄비에 4를 넣고 가열하다가 끓으면 소금, 후추로 간한다.

재료

브로콜리	1/3송이
감자	1개
올리브오일	2큰술
현미가루	1/4컵
물	2컵
우유	1과 1/2컵
소금	조금
후추	조금

감자는 물에 헹궈야 깨끗

감자를 자르면 표면에 전분이 많이 나와 볶을 때 타기 쉽다. 감자를 볶기 전에 물에 헹구거나 담가두면 타지도 않고 수프의 맛이 깨끗해진다.

브로콜리피클

브로콜리는 몸속의 독소를 효과적으로 제거하는 디톡스 식품이다. 평범하게 데쳐 먹으면 금세 질리지만 새콤달콤한 피클로 만들면 즐겁게 먹을 수 있다.

재료

브로콜리	1/3송이
양파	1/4개
홍고추	1개
설탕	1/4컵
식초	1/4컵
소금	2/3큰술
월계수잎	1잎
정향	3알
물	1컵
마늘	3톨

1 브로콜리는 끓는 물에 살짝 데쳐 찬물에 헹구고 잘게 잘라 준비한다.

2 양파는 2센티미터 크기로, 고추는 1센티미터 크기로 자른다.

3 냄비에 설탕, 식초, 소금, 월계수잎, 정향, 물을 넣고 끓인다.

4 3의 국물이 식으면 브로콜리, 양파, 고추, 마늘과 함께 밀폐 용기에 담아 두었다가 하루가 지난 다음 먹는다.

바로 만들어 먹는 브로콜리피클

브로콜리피클은 금방 색이 변하기 때문에 만들어서 하루 정도 후에 바로 먹는 것이 좋다. 먹고 남은 분량은 냉장 보관한다.

시금치수제비

시금치에는 비타민A, B, C와 식이섬유 및 각종 미네랄이 풍부하다. 특히 엽산과 철분이 다량 함유되어 있는데, 이 성분은 건강한 난자와 정자의 생산을 촉진하므로 임신 준비 중에 먹으면 더욱 좋다. 또한 혈액 순환을 원활하게 해 주어 빈혈 예방에도 효과가 있다.

재료

당근	1/4개
양파	1/4개
대파	1/4대
멸치	10마리
물	4컵
간장	1/2큰술
소금	조금
후추	조금
달걀	1개
다진 마늘	1작은술

반죽

데친 시금치	50g
감자	1개
유기농 통밀가루	1/4컵
소금	1/4작은술

1 데친 시금치는 물기를 제거한 후 잘게 썰고, 감자는 껍질을 벗긴 다음 잘게 썬다.

2 1의 시금치와 감자를 함께 갈아 즙을 만든 후 밀가루, 소금을 넣고 반죽한다.

3 당근은 반달 모양으로 썰고, 양파는 굵게 채 썬다. 대파는 어슷하게 썬다.

4 멸치는 머리와 내장을 제거하고 찬물에 30분간 담갔다가 냄비에 물과 함께 올려서
   거품이 날 때까지 가열한 다음 건진다.

5 4의 국물에 간장을 넣고 가열하다가 끓으면 당근과 함께 2의 반죽을 수저로 떠 넣어서 끓인다.

6 소금, 후추로 간한다. 흘러내릴 정도로 푼 달걀물을 섞고 대파, 마늘을 넣어 마무리한다.

 **멸치국물 진하게 우리려면**

멸치국물을 만들 때 멸치를 미리 찬물에 우렸다가 끓이면 훨씬 진한 맛이 우러난다.
끓일 때는 거품이 날 때 바로 불을 꺼야 특유의 비린 맛과 쓴맛이 덜 난다.

현미견과류꿀강정

현미에는 탄수화물, 질 좋은 단백질, 식이섬유, 비타민B₁ 등이 풍부하다. 현미에 함유된 복합 탄수화물은
호르몬 균형을 맞추고 세포 성장을 촉진하여 정자와 난자의 생성에 도움을 준다.

1 현미는 씻어서 30분간 물기를 제거한 다음 마른 팬에 볶아서 식힌다.

2 아몬드는 0.5센티미터 크기로 다져서 마른 팬에 해바라기씨, 검정깨와 같이
  살짝 볶아서 식힌다.

3 팬에 꿀을 넣고 졸인 다음 1의 볶은 아몬드와 검정깨, 해바라기씨를 넣고
  잘 저어 뜨겁지 않을 정도로 식힌다.

4 식힌 재료에 다크초콜릿을 넣고 둥글게 완자 모양으로 빚거나 작은 그릇
  등에 넣어서 모양을 만들어 차게 식힌다.

재료

현미	1/2컵
아몬드	1과 1/4컵
해바라기씨	1/2컵
검정깨	2큰술
꿀	1/2컵
유기농 다크초콜릿	3큰술

 **꿀은 세지 않은 불로 요리**

꿀을 졸일 때는 너무 세지 않은 불에 졸인다. 초콜릿을 넣어 완자 모양으로 빚을 때는
빚기 바로 전에 초콜릿을 넣어야 초콜릿이 녹지 않는다.

돼지고기깻잎말이찜

돼지고기와 같은 육류에는 임신 가능성을 높여 주는 성분인 카르니틴이 풍부하게 들어 있다. 깻잎은 엽산과 철분이 풍부해 돼지고기와 같이 먹으면 좋은 식품이다.

1 v 돼지고기는 0.2센티미터 두께로 얇게 썰고 사과즙, 간장, 후추, 참기름, 청주를 넣어서 밑간한 다음 찐다.
2 대파는 채 썰어서 찬물에 담그고, 양파도 곱게 채 썬 후 찬물에 담가 물기를 제거한다.
3 깻잎 위에 찐 돼지고기를 얹고, 대파, 양파를 올린 다음 돌돌 말아서 접시에 담아낸다.

재료

돼지고기 안심	150g
사과즙	3큰술
간장	1큰술
후추	1/3작은술
참기름	1/2큰술
청주	2큰술
대파	1대
양파	1/4개
깻잎	10장

 **들깨 향을 살리려면**

들깨가루를 넣어서 국을 끓일 때는 너무 일찍 넣지 않는 것이
들깨의 향을 잘 살릴 수 있다.

청양고추청국장샐러드

고추의 매운맛을 내는 캡사이신은 혈액 순환을 좋게 하고 혈류량을 늘리며 엔도르핀의 생성을 촉진시켜 수정이 잘되게 한다. 청국장에는 소화 흡수가 잘되는 단백질이 풍부해 같이 먹으면 효과가 좋다.

재료

양상추	3잎
치커리	8잎
겨자잎	4장
래디시	1개
청국장	1/2컵

청량고추드레싱

청양고추	2개
간장	2큰술
식초	2큰술
설탕	1과 1/2큰술
참기름	1작은술
포도씨오일	2큰술
후추	1/3작은술

1 양상추는 손으로 뜯어서 찬물에 5분간 담갔다가 냉장 보관한다. 치커리, 겨자잎도 2센티미터 크기로 썰어서 찬물에 담갔다가 물기를 제거해 놓는다.
2 청양고추는 잘게 다지고 나머지 재료를 섞어서 드레싱을 만든다.
3 래디시는 씻어서 둥글게 편으로 썬 다음 찬물에 담갔다가 물기를 제거하고 1의 재료와 섞어서 접시에 담는다.
4 3에 청국장을 얹은 다음 드레싱을 뿌려서 낸다.

 **양상추는 손으로 뜯고 물에 담가 사용**

양상추는 칼로 자르면 갈변하기 때문에 손으로 뜯어야 한다. 물에 담근 양상추는 냉장 보관해야 먹는 식감이 파삭해서 좋다.

키위볶음밥

키위는 비타민C, 엽산, 카로틴, 칼륨, 칼슘, 식이섬유가 풍부한 과일로 정자의 생성을 촉진하는 기능이 있다. 또한 정자의 DNA를 잘 보존하고 그 기능을 향상시키기도 하니 남편과 함께 먹으면 더욱 좋다.

1 키위는 껍질을 벗기고 사방 1센티미터 크기로 잘라서 준비한다.
2 피망은 씨를 제거한 다음 사방 0.5센티미터 크기로 자른다. 양파는 피망과 같은 크기로 자른다.
3 팬에 올리브오일을 두르고 양파를 넣어서 볶다가 밥을 넣고 더 볶는다. 밥이 부드럽게 잘 볶아졌으면 소금으로 간한다.
4 밥에 간이 잘 배었으면 피망과 키위를 넣어 한 번 더 볶은 다음 불을 끄고 참기름과 후추를 넣어서 버무린다.

재료

키위	2개
청피망	1개
홍피망	1/2개
양파	1/2개
올리브오일	2큰술
밥	3공기
볶은 소금	조금
참기름	조금
후추	조금

 **키위는 살짝만 볶아야**

키위는 열에 의해 쉽게 색이 변하고 비타민C도 파괴되기 때문에 다른 채소와 밥을 다 볶은 다음 먹기 직전에 넣어서 살짝 섞듯이 볶는 것이 좋다.

마늘고추장장아찌

마늘에는 탄수화물, 단백질, 비타민A, B, C, 엽산, 칼슘, 칼륨, 식이섬유 등이 풍부하다. 특히 마늘에 함유된 셀레늄은 항산화 효과가 있으며, 생식기능을 왕성하게 한다. 비타민B_6는 호르몬을 조절하고 면역 기능을 강화하는 데 효과적이다.

1 볼에 고추장, 조청, 통깨를 넣고 잘 섞는다.
2 삭힌 마늘과 마늘종장아찌는 각각 물기를 제거한다.
3 1에 마늘과 마늘종장아찌를 넣고 섞는다.

재료

고추장	2큰술
조청	2큰술
통깨	1큰술
삭힌 마늘	1/2컵
마늘종장아찌	1/4컵

마늘종 양념은 하루 전에

소금에 절인 장아찌는 찬물에 담가 짠맛을 다 우려낸 다음 물기를 제거하고 무친다.
미리 무쳐서 하루 정도 보관했다가 먹는 것이 양념이 잘 배어 맛있다.

두부호박씨조림

두부는 식물성 단백질, 칼슘, 식이섬유가 풍부하고 소화 흡수가 잘된다. 호박씨와 같은 견과류에는 불포화지방산 및 철분, 무기질이 풍부해 생선을 잘 먹지 못하는 가임기 여성에게 꼭 필요한 식품이다. 평소에 밑반찬으로 만들어 두고 먹으면 영양분을 충분히 섭취할 수 있다.

재료

두부	1/2모
소금	조금
식용유	1큰술
호박씨	3큰술
양파	1/4개
간장	2큰술
유기농 설탕	1큰술
물	1컵
고춧가루	1/2큰술

1 3×4센티미터 크기로 도톰하게 자른 두부는 소금을 조금 뿌려서 수분을 제거한 다음 팬에 기름을 두르고 노릇하게 굽는다.

2 호박씨는 0.5센티미터 크기로 자르고 팬에 살짝 구워서 준비한다. 양파도 사방 0.3센티미터 크기로 잘라 둔다.

3 볼에 양파, 간장, 설탕, 물을 넣고 잘 섞는다. 다음 냄비에 두부를 깔고 그 위에 섞은 재료를 붓는다.

4 냄비를 가열하여 국물이 자작하게 되면 고춧가루, 호박씨를 넣고 조금 더 조린 다음 불을 끈다.

 **두부, 맛 좋고 모양 좋게 요리하려면**

두부를 소금에 절이거나 팬에 부쳐 두면 조릴 때 두부가 잘 부서지지 않는다.
견과류는 마지막에 넣고 조려야 고소한 맛을 살릴 수 있다.

달걀굴국

굴에는 단백질이 많이 함유되어 있고, 특히 아연이 다른 식품에 비해 풍부하다. 아연은 단백질 대사를 좋게 해서 건강한 정자를 만드는 역할을 하므로 가임기 여성과 함께 남성에게도 좋은 식재료다. 달걀과 같이 먹으면 달걀에 함유된 풍부한 칼슘을 함께 섭취할 수 있어 더욱 좋다.

재료

굴	100g
굵은 소금	적당량
실파	10줄기
양파	1/4개
물	3컵
국간장	1작은술
달걀	2개
참기름	1/2작은술

1 굴은 옅은 소금물에 흔들어 씻고, 실파는 씻어서 4센티미터 길이로 썬다. 양파는 곱게 채를 썰어 둔다.
2 끓는 물에 굴과 양파를 넣고, 국간장, 소금으로 간을 맞춘 다음 달걀을 풀어 넣는다.
3 국물이 끓으면 실파를 넣고 불을 끈 후 참기름을 넣고 잘 섞어 그릇에 담는다.

 **굴은 맨 마지막에 잠깐 끓이기**

굴을 너무 오래 끓이면 색이 검어지고 맛도 없어지기 때문에 굴국을 끓일 때는 굴을 넣은 후 바로 불을 끄는 것이 좋다.

옛것으로 새로운 아름다움을 짓다

오래된 것만 보면 가슴이 벌렁대는 사람이 있다. 옛날 게 사라질까 봐 마음을 졸이는 사람이 있다. 어머니, 할머니가 사용하던 물건을 졸라 대며 가져와 살림 장만을 하는 사람이 있다. 윤신천(50) 씨. 감색·황토색 천연 염색 개량 한복이 잘 어울리는 그는 유난히 옛것을 찾고 수집하는 것을 좋아한다. 그의 집을 한 번이라도 방문한 사람들은 옛날 분위기의 남다른 살림살이에 마음을 빼앗긴다고 한다. 사람들의 마음을 사로잡은 그의 생활이 어떤지 궁금해 그가 살고 있는 상주로 직접 찾아갔다.

상주 시내와 조금 떨어진 조용한 마을, 아담한 3층
짜리 아파트에 사는 그를 만났다. 상주는 그가 태
어나 자란 곳이지만 결혼한 후 남편의 근무지인
창원에서 줄곧 살다가 상주로 이사 온 지는 한 달
남짓. 7년 전 남편의 귀농으로 창원과 상주 두 집
살림을 해 왔다. 올해 큰아들이 대학 기숙사에 들
어가면서 부부와 딸 세 식구가 이곳에서 모여 살
기 시작했다.

현관문을 열고 들어서니 소문대로 집 안 풍경은
현대식 아파트 외관과 전혀 다른 세계다. 거실 초
입의 한 섬짜리 뒤주가 가장 먼저 손님을 맞는다.
오래된 나무색의 고가구가 거실 이곳저곳에 자리
잡고 있다. 흔히 궤짝농이라고 하는 반닫이와 문
갑, 통나무를 잘라 만든 좌탁, 자그마한 찻잔과 여
러 가지 허브차가 진열된 선반. 한쪽 벽 나무 막대
에는 말방울과 소방울 대여섯 개가 걸려 있다. 신
라의 유적지답게 신라시대 유물 네 가지가 문갑
위에 '전시'되어 있다. 수집광이라고 할 정도로 모
으는 것을 좋아하는 그는 어디를 가든 옛날 것만
눈에 들어오면 얻거나 사들이지 않고는 못 배긴단
다. 그러다 보니 자잘한 살림도구들이 조금씩 늘
어났다. 옛날 게 쓰임새도 좋아 가능하면 쓰던 걸
버리지 않기도 했다.

옛것들이 살림도구로

집주인은 집안에 멋스럽게 놓여 있는 고가구와 옛
날 물건들을 하나씩 안내하며 그 쓰임새를 알려
주었다. 20년 된 뒤주에는 말린 차가 들어 있다.
시할머니가 사용하던 것으로 물고기 장식이 마음
에 들어 시어머니께 졸랐더니 필요 없다며 주신
것이다. 뒤주는 습기가 차지 않아 차를 보관하기
에 아주 좋다. 어른들이 사용하던 반닫이에는 다
듬이 방망이가 보관되어 있었다. 20년 된 반닫이에

방망이도 그즈음에 받은 것이다.

"나중에 단독 주택에 살게 되면 다듬이질을 할
거예요. 모시나 명주는 다리미보다 방망이로 두드
려 줘야 올이 반듯해져요."

거실 선반 꼭대기에서 긴 막대기 두개를 꺼내 온
다. 떡살과 다식판이었다. 결혼 전 예천에서 구입한
것으로 20년이 훨씬 넘었다. 떡살은 절편 무늬 낼
때 쓰는 건데, 요즘에는 모형 판에 랩을 씌워 떡을
넣고 찍어 내어 찾아보기 어렵다. 거실 한편 선반에
놓여 있는 올망졸망 갖가지 형태의 작은 찻주전자
가 눈에 띈다. 그 옆으로 작은 찻잔들이 놓여 있다.
차를 담는 찻잔도 어느 것 하나 짝을 이루는 게 없
다. 모양이 비슷한 것 같아도 태생이 다른 것이다.
친구가 주기도 하고 지나다니다 구한 것들이다 보
니 구색도 안 맞고 제 짝도 없다.

점심밥이 차려진 좌탁에도 시간과 장소를 달리
해 태어난 접시와 국그릇, 밥그릇이 조화롭게 놓여
있다. 손님을 위해 특별히 밭에서 캐 온 쑥과 머위,
부추로 만든 맛있는 국과 나물 반찬이 짝이 맞지 않
는 투박한 질그릇과 아주 잘 어울린다. 오래된 살림

도구가 그의 집에선 마냥 골동품이 아니다. 언제든 사용할 준비가 되어 있는 살림살이였다.

옛것이 사라지는 게 안타까워 시작한 천연 염색과 전통 바느질

윤신천 씨는 옛것에 대한 그리움과 애착이 가득하다. 자신의 전공보다 역사 유적지 답사를 따라다니는 것을 더 좋아하고 토속신앙을 더 가깝게 느끼며 오랜 시간을 두고 덩치를 키워 온 큰 나무를 보면 가슴이 뭉클해지는 사람이다. 그래서 그는 천연 염색을 하고 서양 바느질 퀼트 대신 명주 천과 명주실, 감침질로 대표되는 전통 바느질을 더 좋아한다.

옛것이 사라지는 게 안타까웠던 마음이 가장 먼저 쏠렸던 건 천연 염색이었다. 지금도 한 달에 한 번 사람들과 함께 염색 작업을 한다. 8년이라는 쌓여 온 시간을 생각하면 가르치는 위치에 설 만한 실력인데도 그는 절대로 그 자리에 나서지 않는다. 그저 조수 역할을 할 뿐, 항상 실력자 선생을 모시고 모임을 꾸린다.

천연 염색은 주로 생활 가까이에 있는 것과 주위 땅에서 나는 것을 이용한다. 양파 껍질이나 밤 껍데기, 포도 껍질, 감, 황토…… 안방에 걸려 있는 개량 한복도 거의 직접 염색을 한 것이다. 그는 감과 황토 염색을 가장 좋아한다. 황토 염색 옷은 땀이 안 배고 달라붙지 않아 여름에 입으면 편하단다.

"염색은 자연스러운 색감 외에도 몸에 좋은 기능이 많아요. 타닌 성분이 머리를 시원하게 해 잠이 잘 오게 하고 피부 알레르기를 막아 줘요. 표백된 흰 옷에 천연 염색을 하면 표백제의 유해 성분을 막아 주지요."

그는 개량 한복을 자주 입는데, 잘 어울린다. 티셔츠 위에 천연 염색 조끼 하나만 걸쳐도 자태가 나온다. 바지도 남자 한복 바지같이 편한 걸 자주 입

는다. 요즘 새로 만들고 있다며 바지 하나를 보여 주는데 마무리가 아직 안 된 한복 바지였다. 옷본이 있어 쉽게 만들었다며 대단한 게 아니라고 하지만 정교한 바느질 솜씨가 돋보였다. 편하게 입는 몇 가지 옷은 직접 만들어 입는단다.

"옛 아낙들은 옷을 모두 지어 입었잖아요. 그 솜씨로 돈벌이도 했으니. 요즘 사람들도 자립했으면 하는 생각으로 옷 만들기를 시작했어요."

그저 옛날 어르신들이 살던 방식이 그리웠고, 뭔가 스스로 만들어 보는 게 좋아 시작한 일이다. 천연 염색 모임처럼 한복 조각 천으로 바느질하는 규방공예 모임을 한 달에 한 번 하고 있는데, 상보, 걸개, 수저집, 모시발, 조끼를 만든다.

"바느질엔 특별한 솜씨가 필요 없어요. 엄마나 할머니가 옷을 해 입었던 유전자를 타고난 것 같아요. 누구나 연습하면 잘할 수 있어요."

보통 젊은 아기 엄마들이 어느 한 집에 모여 조각보 이불이나 걸개, 가방과 소품을 만들기도 하는데 그의 말을 빌자면 퀼트는 서양 것, 규방 공예는 우리 것이다. 퀼트는 인쇄된 무늬 천을 이용해 박음질과 홈질을 이용해 만들지만 규방 공예는 명주·모시와 명주실을 주로 이용해 감침질하는 게 특징이다. 전통 바느질에 대한 꼼꼼한 설명이 이어진다. "감침질은 우리 고유의 바느질이에요. 굉장히 단단해요. 감침질을 잘하면 선 색깔을 내기도 하는데, 바탕천과 대비되는 색을 쓰기도 해요."

상보 가운데에 이어 붙인 명주 천 사이에 점점이 나타난 노란 명주실이 또 하나의 선의 표현인 셈이다.

"퀼트는 천 안쪽에서 조각을 잇지만, 우리 것은 겉과 겉을 감침질로 이어요. 그게 큰 차이죠."

조각보 이불 하나쯤은 장롱에 들어 있거나 창문 걸개 정도는 안방에 걸려 있지 않을까 했는데, 큰 작품은 만들지 않는다고 한다. 시간도 없지만 모여서 함께 바느질하는 게 즐거운 일이라 소품을 많이 만든단다.

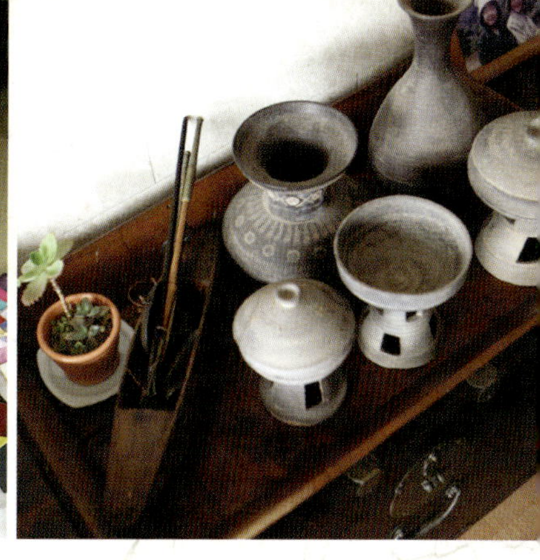

손수건으로 바느질 운동

바느질을 하면서 가장 보람을 느꼈던 것은 손수건을 만드는 일이었다. 산청의 작은 음악회에 갔을 때 보았던 식탁 위의 손수건이 그의 가슴에 꽂혔다. 휴지 대신 손수건으로 입을 닦고 각자 가져가는 것이었다. 그때 이후 손수건을 만들기 시작했다. 면이나 거즈를 잘라 책 넓이만 한 크기로 접어 홈질로 마무리를 한다. 행사를 열 때, 참석한 사람들에게 직접 만들어 하나씩 선물을 하거나, 손수건 만들기 코너를 만들어 5분만 시간을 내 직접 바느질해 보게 하고 나서 가져가게 한다.

그의 집 부엌 좌탁에도 여러 개 손수건이 놓여 있었다. 각기 다른 색실로 홈질한 것, 규격도 제각각이었다. 모두 다른 사람들이 만든 것이란다. 언제부터인가 휴지를 가볍게 사용하기 시작했다. 입을 닦을 때도, 화장실에서도, 심지어 식탁을 닦을 때도 쉽게 휴지로 훔친다. 옛날 어머니들은 거즈수건을 가지고 다니면서 다용도로 사용했다. 집에 와서 깨끗이 빨거나 뽀얗게 삶아 그걸 다시 사용했다. 그 마음을 그대로 실천해 보자는 게 그의 '손수건운동'의 뜻이다.

자리에서 일어나려고 하니 바느질 안 한 천을 한가득 안겨 주며 집에 가서 바느질해 손수건운동을 꼭 해 보란다. 시간과 마음을 다잡고 앉아 작은 손수건 사방 홈질을 언제 다 할까 걱정부터 앞선다. 그래도 푸짐한 선물 한가득 안은 듯 뿌듯하고 좋다. 숙제는 다음 일. 직접 만든 감녹차와 산국화차를 예쁜 병에 담아 선물로 건넨다. 새로 디자인해 만든 수저집도 덤으로. 넉넉한 모습만큼 넉넉한 마음으로 자꾸자꾸 퍼 주신다. 파김치와 부추절임 반찬까지.

옛것이 생활 도구로 살림살이로 자리를 잡으면 손으로 해야 할 일도 많고 씻어 가며 삶아 가며 다시 써야 할 물건이 많아지니 살림하는 사람들에겐 그리 달갑지는 않다. 그래도 윤신천 씨는 어머니, 할머니가 쓰던 가구에 옷과 물건을 보관하고, 직접 길러 낸 허브차를 마시며, 땅에서 캐낸 풀로 나물을 무치고 국을 끓여 이웃과 나눠 먹고, 휴지 대신 손수건을 만들어 삶아 쓰고, 편한 바지를 만들어 입고, 갖가지 천연 염색 옷을 계절마다 갈아입는 생활을 한다. 주택에 이사하면 다듬이 방망이까지 두들길 거란다. 어머니, 할머니들이 징글징글하다는 옛날이 그에겐 닮고 싶은 삶이고 희망이다.

"옛날 사람들처럼 살고 싶어요. 생활 습관이 옛날로 돌아간다면 세상이 행복해질 것 같아요."

이 글은 「살림이야기」09호에서 만날 수 있습니다. 「살림이야기」는 사람과 사람, 사람과 자연이 조화로운 생명세상을 꿈꾸며 봄·여름·가을·겨울마다 내는 생활문화지(www.salimstory.net)입니다.

CHAPTER 03

임신 중 즐기는
영양만점 스피드 요리

임신 중에 다양한 영양분을 골고루 섭취하지 않으면 태아의 성장에 문제
가 생기며 임산부의 체력이 저하되고 심리적으로 불안해질 수 있다. 영양
분을 섭취하기 위해 무작정 먹는 양을 늘리기보다는 영양이 풍부한 먹을
거리를 챙겨 먹는 것이 현명하다. 불 옆에 서는 것조차 힘에 부치고 귀찮
은 임신부를 위해 빠르고 쉽게 만들 수 있는 영양식을 담았다.

굴채소카르파초

임신 초기에는 철분 부족으로 빈혈이 생기기 쉽다. 굴에는 나이아신, 칼륨, 칼슘, 철분이 풍부하고
특히 철분 흡수에 좋은 구리가 함유되어 있어 임신 초기에 먹으면 좋은 식품이다.

재료

굴	150g
양파	1/2큰술
어린잎채소	1/2컵
파슬리 다진 것	1큰술
소금	조금
후추	1/3작은술
올리브오일	2큰술
레몬즙	2큰술

1 굴은 옅은 소금물에 흔들어 씻고, 양파는 잘게 다져 놓는다. 어린잎
채소는 씻어서 물기를 제거한다.
2 볼에 굴을 담고 양파, 파슬리, 소금, 후추, 올리브오일, 레몬즙을 넣고
잘 섞는다.
3 수저나 작은 그릇에 어린잎채소를 얹은 다음 2의 버무린 굴을
담아서 낸다.

 **굴은 소금물에 씻어 향긋하게**

굴을 소금물에 흔들어 씻으면 굴 껍데기와 같은 불순물을 제거할 수
있을 뿐 아니라 굴의 맛과 향이 살아난다.

고등어오븐구이

태아의 뇌와 신경 조직이 발달하는 임신 초기에는 고등어 등의 생선과 달걀노른자, 견과류를
많이 먹으면 좋다. 고등어에 있는 DHA는 뇌체발달에 아주 좋은 식품이다. 또한 고등어에는 오
메가3가 풍부해 태아의 신체 발달을 돕고 조산을 막는다. 고등어 대신 정어리, 꽁치 등의 생선
으로 대체해도 좋다.

재료

자반고등어 ···················· 1마리
우유 ···························· 1/4컵

1 자반고등어는 우유에 30분간 담가서 짠맛을 제거한 후 물기를 제거한다.
2 160도로 예열한 오븐의 상단에 넣어서 앞뒤로 노릇하게 20분간 굽는다.

 **고등어는 우유로 비린내 제거**

자반고등어를 우유에 담그면 고등어 특유의 비린 맛이 줄어들고 짠맛이 없어지는
두 가지 효과가 있다. 우유가 없다면 쌀뜨물을 이용해도 된다.

견과류새우샐러드

견과류에는 셀레늄이 풍부해서 임신 초기의 유산을 줄여 주고 수정란이 안전하게 착상하도록 도와
준다. 단, 가족이나 본인이 아토피 등의 병력이 있을 경우에는 견과류가 맞지 않을 수 있으니 셀레
늄이 풍부한 다른 대체 식품을 섭취하는 것이 좋다.

1 새우는 끓는 물에 소금을 조금 넣고 살짝 데친 다음 차게 식힌다.
2 양상추는 손으로 뜯어서 찬물에 5분간 담갔다가 냉장 보관하고,
   치커리, 겨자잎은 2센티미터 크기로 썰어서 찬물에 담갔다가 물기를
   제거한다.
3 호두와 해바라기씨를 팬에 살짝 볶은 후 호두만 잘게 썰어 놓는다.
4 그릇에 발사믹식초, 올리브오일, 소금, 후추를 넣어 섞은 다음 접시에
   데친 새우와 2의 채소를 담고 그 위에 뿌린다. 마지막으로 견과류를
   얹는다.

재료

새우	100g
양상추	3잎
쌈채소	50g
(치커리, 적치커리, 겨자잎)	
호두	4알
해바라기씨	2큰술
발사믹식초	2큰술
올리브오일	3큰술
소금	조금
후추	1/3작은술

견과류는 먹기 직전에 볶기

호두와 해바라기씨를 살짝 볶으면 소독도 되고 맛이 더 고소해진다.
단, 먹기 직전에 볶아서 식히는 것이 좋은데 볶은 상태로 너무 오래 두면
지방이 산화되어 좋지 않기 때문이다.

잔멸치가지조림

임신 기간 중 가장 많이 필요한 것이 칼슘과 철분이라고 해도 과언이 아니다. 칼슘은 태아의 골격을 형성하는 데 가장 중요한 것이기 때문에 임신 기간에는 칼슘이 풍부한 멸치 등을 평소보다 많이 섭취해야 한다. 이때 칼슘의 흡수를 도와주는 비타민C가 풍부한 채소와 같이 먹으면 좋다.

재료

잔멸치	30g
청·홍고추	각 1개
대파	1/5대
가지	1개
포도씨오일	2큰술
간장	2큰술
물	1컵
다진 마늘	1작은술
후추	조금
참기름	1작은술

1 잔멸치는 마른 팬에 살짝 볶아 식힌다. 청·홍고추와 대파는 송송 썰고, 가지는 굵고 어슷하게 썬다.

2 팬에 포도씨오일을 두르고 가지를 앞뒤로 구운 다음 간장, 물, 마늘을 섞어서 붓고 끓인다.

3 2가 끓으면 잔멸치를 넣는다. 국물이 자작해지면 고추, 대파, 후추를 넣어 섞은 다음 불을 끄고 참기름으로 마무리해 그릇에 담아낸다.

잔멸치에서 비린내가 나지 않게 하려면

잔멸치는 기름을 두르지 않은 팬에 볶고 충분히 식힌 다음 조리하면 비린 맛이 나지 않는다.

주꾸미불고기

주꾸미는 해산물 중에서도 타우린 함량이 특히 많은 식품이다. 타우린은 임신 중 유산을 방지하고 태아의 두뇌, 망막 등 주요 기관의 발달을 촉진한다. 임신 중 타우린이 부족하면 태아의 정상적인 발달이 어려울 수 있으니 타우린이 풍부한 음식을 많이 섭취하는 것이 좋다.

재료

주꾸미	12마리
대파	1/4대
청·홍고추	각 1개
양파	1/2개
당근	1/6개
고추장	2큰술
고춧가루	1큰술
다진 마늘	1큰술
설탕	1/2큰술
조청	2큰술
후추	1/3작은술
식용유	1/2큰술
참기름	1/2큰술
깨소금	1/2큰술

1 주꾸미는 소금으로 바락바락 주물러 씻고 찬물에 30분간 담근다.

2 대파와 고추는 어슷하게 썰고, 양파는 굵게 채 썬다. 당근은 어슷하게 편으로 썬다.

3 볼에 고추장, 고춧가루, 마늘, 설탕, 조청, 후추를 넣고 잘 섞은 다음 주꾸미와 채소를 넣어 버무린다.

4 팬에 기름을 두르고 3의 재료를 모두 넣어 볶은 다음 다 볶아졌으면 불을 끄고 참기름, 깨소금을 뿌려서 낸다.

🍋 주꾸미는 즉석에서 바로 조리

주꾸미는 소금에 문질러 씻으면 질겨질 수 있으므로 물에 담가 놓는 것이 좋다. 또한 주꾸미는 다른 양념불고기와 달리, 양념에 미리 재우지 않고 바로 조리해야 부드럽게 먹을 수 있다.

고춧잎잡채

고춧잎에는 비타민A, C, 엽산, 칼슘, 식이섬유가 풍부하다. 임신 중에 고춧잎과 같은 녹색 채소를 많이 먹으면 철분의 흡수율을 높아져 태아는 물론 임신부에게도 좋다. 고춧잎잡채는 입맛 없는 임신부의 한 끼 식사나 간식으로 알맞은 요리다.

1 당면은 물에 30분간 불렸다가 끓는 물에 삶고 찬물로 헹군다. 여기에 간장, 설탕을 넣어서 무친다.
2 팬에 식용유 1작은술을 두른 다음 1의 당면을 넣고 수분이 없어지도록 볶은 후 식힌다.
3 고춧잎은 끓는 물에 살짝 데친 다음 찬물에 헹궈서 준비한다. 당근, 양파는 곱게 채 썰어 준비한다.
4 애느타리버섯은 먹기 좋게 찢은 다음 끓는 물에 살짝 데치고 찬물에 헹궈 물기를 제거한다.
5 팬에 식용유 2작은술을 두른 다음 양파, 당근, 애느타리버섯을 볶다가 고춧잎과 소금을 조금 넣고 살짝 볶은 후 식힌다.
6 볼에 당면, 볶은 채소, 마늘, 깨소금, 참기름을 넣고 잘 버무린 다음 그릇에 담는다.

재료

재료	
당면	100g
간장	3큰술
설탕	2큰술
식용유	1큰술
고춧잎	100g
당근	1/6개
양파	1/4개
애느타리버섯	1/4팩
소금	약간
다진 마늘	1작은술
깨소금	1/2큰술
참기름	1/2큰술

 **당면은 불지 않도록 충분히 볶기**

잡채가 불지 않게 하려면 데친 당면을 수분이 없어지도록 팬에 충분히 볶아서 무치면 된다.

케일바지락칼국수

케일에는 칼슘, 비타민A, 무기질, 클로로필, 식이섬유 등이 많이 함유되어 있다. 특히 비타민C는 귤보다 세 배 이상 들어 있고 베타카로틴의 함량도 높다. 케일은 임신 초기 몸에 흡수되는 독소를 제거해 주기 때문에 꼭 먹어야 하는 식품 중 하나다.

1 바지락은 옅은 소금물에 담갔다가 바락바락 주물러 깨끗하게 씻어 놓는다.
2 케일, 양파, 당근은 굵게 채 썰고 대파는 어슷하게 썰어서 준비한다.
3 냄비에 다시마와 물을 넣고 끓이다가 거품이 나면 다시마를 건진다.
4 3의 다시마 우린 물이 끓으면 칼국수, 바지락, 당근을 넣어서 같이 끓인다.
5 면이 다 익으면 간장과 소금으로 간을 하고 케일, 양파, 대파, 마늘을 넣어 한 번 더 끓인 다음 불을 끈다.

 **녹색 채소 색깔 싱싱하게 살리기**
케일 같은 녹색 채소는 너무 오래 끓이면 영양분이 파괴되기 때문에 다른 재료가 충분히 익은 후 먹기 직전에 넣어 색이 선명할 때 먹는 것이 좋다.

재료

바지락	200g
케일	6잎
양파	1/4개
당근	1/6개
대파	1/4대
다시마(사방5cm)	3장
물	4컵
칼국수	140g
간장	1/2큰술
굵은 소금	적당량
다진 마늘	1작은술

마른오징어채무침

마른오징어의 겉에 묻은 하얀색 가루는 타우린이라는 성분인데 임신부에게 중요한 영양소다. 마른오징어를 먹으면 임신 초기의 유산을 방지할 수 있고 태아의 성장을 촉진시킬 수 있다. 표백된 마른오징어 보다는 표백되지 않은 것으로 먹는 것이 더 좋다.

1 마른오징어채는 7센티미터 길이로 자른 다음 마른 팬에 살짝 볶아서 식힌다.
2 고추는 잘게 송송 썰어서 볼에 고추장, 마늘, 조청과 같이 넣고 잘 섞는다.
3 마른오징어채를 2의 양념에 잘 버무린 다음 참기름, 깨소금을 넣고 무친다.

 **마른오징어채는 가루를 털고 볶기**

마른오징어채를 볶을 때는 가루와 이물질을 조심스레 털어 내고 볶는다.
너무 센 불에서 볶으면 탈 수 있으니 약한 불에서 볶는다.

재료

마른오징어채	60g
청·홍고추	각 1개
고추장	2큰술
다진 마늘	1작은술
조청	3큰술
참기름	1작은술
깨소금	1/2큰술

오곡솥밥

임신 중에는 호르몬의 영향으로 임신성 당뇨가 발생하기도 한다. 콩, 흑미 등의 잡곡을 꾸준히 먹으면 임신성 당뇨를 예방하고 치료하는 데 효과적이다. 단백질과 무기질이 많은 밤, 혈액 순환을 돕는 은행까지 든 오곡솥밥은 단 한 그릇으로도 꽉 찬 영양을 즐길 수 있는 음식이다.

1 쌀에 콩과 흑미를 섞어 잘 씻은 다음 물을 붓고 2시간 정도 불린다.

2 밤은 껍데기를 벗겨서 2~4등분하고, 은행은 팬에 볶고 껍질을 벗긴다. 대추는 깨끗하게 씻어 둔다.

3 솥에 1의 재료를 담고 밤, 은행과 대추를 넣은 후 센 불로 가열한다. 내용물이 끓으면 불을 약하게 줄인다.

4 냄비의 수분이 잦아들면 불을 세게 해서 냄비에 밥알이 붙도록 20초 간 가열한 다음 끄고 10분간 뜸을 들인다.

재료

쌀	1컵
흰콩	2큰술
검은콩	1큰술
흑미	1큰술
물	2컵
밤	4알
은행	6알
대추	2알

적은 양의 잡곡밥은 밥 지을 물로 불려

흑미, 검은콩 등을 넣어서 잡곡밥을 할 때에는 쌀과 따로 불리는 것이 좋지만 적은 양으로 밥을 할 경우에는 밥 지을 물에 바로 불리는 것이 영양 손실을 줄일 수 있다.

소고기우거지탕

소고기에는 L-카르니틴이라는 성분이 풍부해서 임신 상태를 잘 유지시켜 준다. 더불어 소고기는 임신 중 태아의 혈액과 골격이 발달하는 시기에 칼슘과 철분 등을 공급해 주기도 한다. 이때 비타민C가 풍부한 배추와 같이 먹으면 흡수율이 더 좋아진다.

1 소고기는 사방 2센티미터 크기로 얇게 썰고, 배춧잎은 2센티미터 폭으로 썰어 준비한다. 대파와 고추는 어슷하게 썰어서 둔다.
2 냄비에 소고기를 넣고 볶다가 물을 넣고 끓인다.
3 2에 된장을 넣은 다음 물의 양이 3컵 정도가 될 때까지 끓이다가 배춧잎, 대파, 고추, 마늘, 소금을 넣고 더 끓인다.
4 배추가 익으면 들깨가루를 넣고 불을 끈 후 그릇에 담아서 낸다.

들깨 향을 살리려면
들깨가루를 넣어서 국을 끓일 때는 너무 일찍 넣지 않아야 들깨의 향을 잘 살릴 수 있다.

CHAPTER 04
회복과 수유를 위한 보양 요리

출산 후에는 체력적·정신적으로 더욱 철저한 관리가 필요하다. 신체적으로는 수유를 통해 아기에게 영양분을 뺏기고, 환경적으로는 생활이 크게 바뀌면서 스트레스나 산후 우울증이 생길 수 있기 때문이다. 출산 후 지친 몸을 보하고 젖이 잘 돌게 하는 보양 요리를 소개한다.

연어말이샐러드

연어는 단백질, 지방이 풍부한 식품으로 특히 오메가3 필수지방산이 풍부해 아기를
낳고 난 다음 푸석해진 피부에 좋으며, 트립토판이 풍부해 산후우울증에도 효과가
좋은 식품이다.

재료

양상추	4잎
무순	1/2팩
훈제연어(손질된 것)	100g
케이퍼	1작은술
홀스래디시	1작은술
레몬	1/4개

오리엔탈드레싱

마른 청양고추	1개
다진 양파	3큰술
올리브오일	3큰술
간장	2큰술
식초	2큰술술
설탕	1큰술
다진 마늘	1작은술
후추	1/4작은술

1 양상추는 손으로 뜯어서 찬물에 5분간 담갔다가 냉장 보관하고, 무순은 씻어서 물기를
　제거한 후 연어로 돌돌 만다.
2 마른 청양고추는 잘게 다진 다음 나머지 재료와 잘 섞어서 오리엔탈드레싱을 만든다.
3 양상추를 접시에 살 남은 나음 1의 연어를 돌려 담고 케이퍼, 홀스래디시, 레몬을 곁들인 후
　드레싱을 뿌려서 낸다.

외국 식재료, 케이퍼와 홀스래디시

케이퍼는 지중해 연안에서 나는 향신료로 주로 꽃봉오리를 사용하고 식초, 소금 등에 절인
상태로 판매된다. 홀스래디시란 서양무를 갈아서 소금, 식초, 향신료 등과 섞은 후 병조림해서
판매하는 것으로, 연어와 같이 먹으면 비린 맛을 없애 준다. 케이퍼나 홀스래디시를 구입하기
어렵다면 넣지 않아도 무방하다.

닭가슴살완자전

출산을 하면 뼈가 벌어지고 칼슘이 많이 빠져나가기 때문에 뼈를 튼튼하게 만들어 주는 두부를 먹는 것이 좋다. 두부에 풍부한 단백질과 칼슘이 출산으로 지친 산모의 몸을 회복시켜 준다. 닭고기는 소화가 잘 되는 식품이라 아무 때나 부담 없이 즐길 수 있다.

재료

닭가슴살	2조각	후추	1/3작은술
두부	40g	깨소금	1/2큰술
양파	1/4개	참기름	1작은술
당근	1/6개	밀가루	1/2컵
대파	1/5대	달걀	1개
소금	1/2작은술	식용유	적당량

1 닭가슴살은 잘게 다지고, 두부는 물기를 제거한 후 으깬다. 양파, 당근, 대파는 아주 곱게 다져서 준비한다.

2 볼에 닭가슴살, 두부, 양파, 당근, 대파를 넣고 잘 치댄 다음 소금, 후추, 깨소금, 참기름을 넣어 골고루 섞는다.

3 2의 재료로 완자를 빚고 밀가루, 달걀에 차례로 묻혀 기름을 두른 팬에 노릇하게 지진다.

닭가슴살 정갈하게 손질하기

닭가슴살에는 얇은 막과 힘줄이 있는데 이것을 충분히 제거하지 않으면 잘 다져지지 않고 완자를 만들 때 갈라질 수 있으니 반드시 제거한다.

소고기미역국

아기를 낳고 나면 가장 먼저 먹는 것이 미역국이다. 미역에는 피를 깨끗하게 해 주고 젖이 잘 돌게 하는 요오드가 풍부해 산모에게 더없이 좋은 식품이다. 특히 아기를 낳고 난 다음 미역을 많이 먹으면 자궁 수축도 돕고 흥분된 시신경을 가라앉혀 몸의 회복이 빠르다.

재료

소고기(국거리) ·············· 100g
마른 미역 ·················· 20g
참기름 ·················· 1/2큰술
물 ······················· 5컵
국간장 ·················· 1/2큰술
굵은 소금 ·················· 조금
다진 마늘 ·············· 1작은술

1 소고기는 사방 2센티미터 크기로 얇게 썰어서 준비하고, 마른 미역은 물에 3분 정도 담갔다가 깨끗하게 씻은 후 2센티미터 폭으로 자른다.

2 냄비에 참기름을 두른 다음 소고기와 미역을 넣고 볶다가 물을 넣고 끓인다.

3 고기가 푹 익으면 간장과 소금으로 간을 하고 마늘을 넣은 후 한 번 더 끓인다.

 **소고기를 먼저 볶아 감칠맛 나게**

적은 양의 소고기로 국을 끓일 경우, 소고기를 먼저 볶은 다음 끓이면 그 맛이 그대로 유지된다. 또한 미역에 소고기의 맛난 성분이 스며들어 미역의 맛이 훨씬 부드러우면서 깊어진다.

무다시마조림

출산 후 산모의 몸은 모든 기능이 저하된 상태이다. 소화도 되지 않고 기력도 부족하기 쉬운데, 이때 무를 먹으면 소화를 돕고 입맛을 돋워 준다. 딱딱한 무를 그냥 먹으면 이에 손상을 입을 수 있기 때문에 삶거나 조려서 먹는 것이 좋다.

1 껍질을 벗긴 무를 반으로 자른 후 은행잎 모양으로 손질한다. 끓는 물에 무를 살짝 데친 다음 냄비에 담는다.
2 무가 담긴 냄비에 다시마와 물을 넣고 가열하다가 거품이 나면 불을 끄고 다시마만 건진다.
3 냄비에 간장, 설탕을 넣고 끓이다가 반 정도 졸았으면 조청을 넣은 후 다시 졸인다.
4 3에 먹기 좋게 자른 다시마를 넣고 한 번 더 끓인 다음 불을 끈다.

 **부드럽게 살짝 데친 무**

무를 조리기 전에 먼저 데치면 무의 유황 성분이 없어져 조릴 때 색도 잘 들고 맛도 훨씬 부드러우면서 맛있어진다.

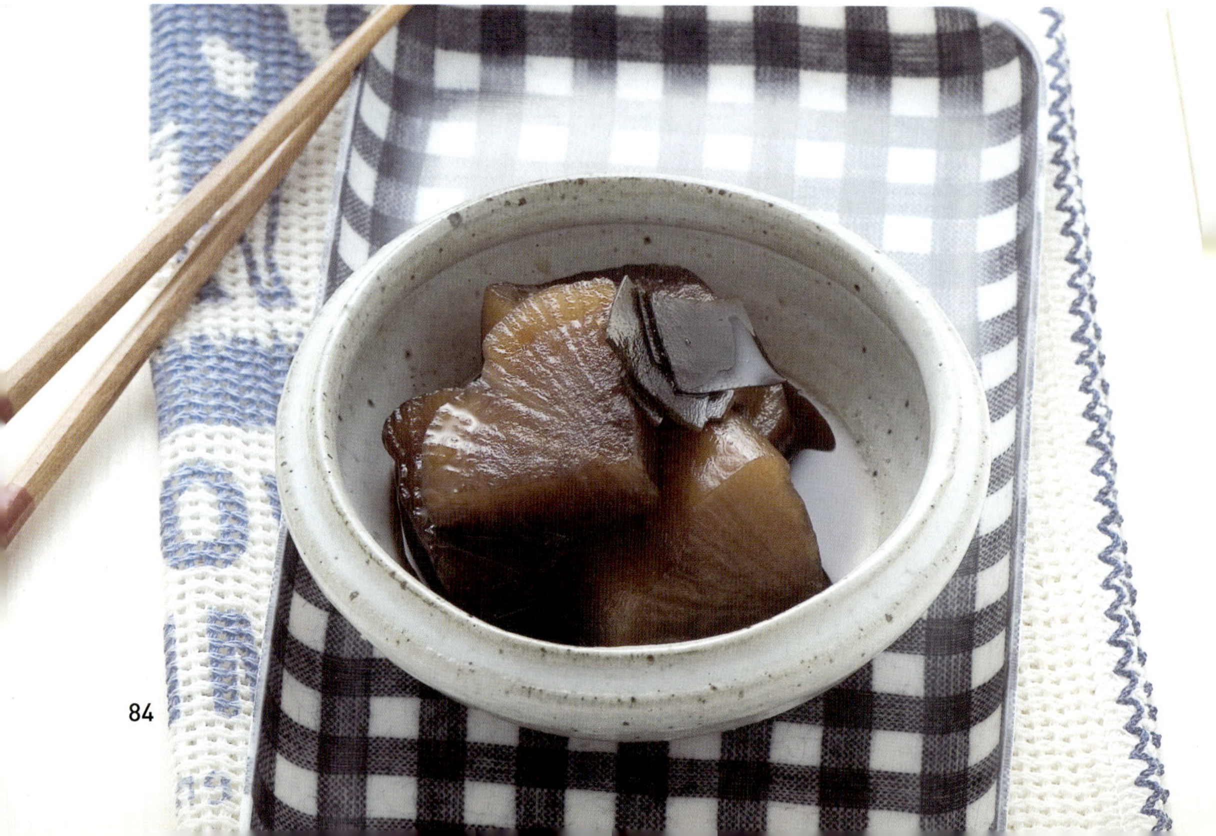

들깻잎나물

들깻잎에는 비타민C, 미네랄, 식이섬유가 풍부하게 들어 있고 철분, 엽산 등의 함유량도 높다. 들깻잎의 엽록소는 세포의 재생을 촉진시키고 지혈 작용을 하며 혈관을 깨끗하게 하는 효과가 있어 산후에 좋다. 한꺼번에 만들어 두고 먹으면 시간이 지날수록 잡내가 나고 맛이 떨어질 수 있으니 그때그때 만들어 먹는다.

재료

들깻잎	150g
소금	조금
간장	1/2작은술
다진 마늘	1작은술
식용유	1작은술
들기름	1큰술
깨소금	1/2큰술

1 끓는 소금물에 들깻잎을 넣어 삶고 찬물에 헹군다.

2 들깻잎의 물기를 제거한 다음 먹기 좋게 자르고, 소금, 간장, 마늘을 넣어서 무친다.

3 기름을 두른 팬에 무친 들깻잎을 볶다가 다 볶이면 불을 끄고 들기름, 깨소금을 넣어 버무린다.

 **들깻잎은 삶듯이 데치기**

들깻잎을 데칠 때는 2~3분 정도 삶듯이 데치는 것이 좋다. 넣었다가 바로 꺼내면 색이 검게 변하고 식었을 때도 제 색으로 돌아오지 않기 때문이다.

애탕국

쑥은 여성에게 특히 좋은 식품으로, 몸을 따뜻하게 해 주어 혈액 순환을 촉진시키고 피를 맑게 하는 효능이 있어 출산 후 몸속에 남은 어혈이나 나쁜 피를 신속하게 몸 밖으로 빼낸다.

재료

데친 쑥	40g	참기름	1작은술
두부	40g	깨소금	1작은술
다진 소고기	100g	다시마(사방5cm)	2장
다진 마늘	1작은술	물	4컵
다진 파	1/2큰술	국간장	1작은술
소금	적당량	달걀	1개
후추	1/3작은술		

1 데친 쑥은 물기를 제거한 다음 잘게 다져서 준비한다. 두부는 물기를 꼭 짜서 으깨 놓는다.

2 볼에 쑥과 두부, 잘게 다진 소고기, 마늘, 파, 소금, 후추, 참기름, 깨소금을 넣고 잘 치댄 다음 직경 2센티미터 크기의 완자를 만든다.

3 냄비에 다시마와 물을 넣고 끓이다가 거품이 나면 다시마를 건지고 국간장, 소금으로 간한다.

4 2의 소고기 완자를 달걀을 푼 물에 넣었다가 3의 끓는 국물에 넣어서 끓인다.

 **쑥, 충분히 치대지 않으면 흐트러져**

쑥은 물기를 제거하고 소고기, 두부와 충분히 치대지 않으면 끓일 때 풀어지기 때문에 서로 잘 어울리도록 충분히 치댄다.

양배추새우가루볶음

양배추에는 비타민A, C가 풍부하고 혈액을 응고시키는 비타민K, 항궤양 성분인 비타민U가 풍부하다. 출산을 하면 출혈이 심한데 양배추를 먹으면 출산 후 출혈이 어느 정도 멎고, 거칠어진 피부도 고와진다.

1 양배추는 곱게 채 썰고, 홍고추는 씨를 제거한 다음 곱게 채 썬다.

2 실파는 씻어서 4센티미터 길이로 잘라둔다.

3 팬에 기름을 두른 다음 마늘을 볶다가 양배추와 고추를 넣고 볶는다. 소금과 후추로 간을 맞춘다.

4 3의 양배추에 새우가루, 실파를 넣고 한 번 더 볶은 다음 불을 끄고 참기름을 넣는다.

재료

양배추	4잎
홍고추	1개
실파	5줄기
식용유	1큰술
다진 마늘	1작은술
소금	조금
후추	조금
새우가루	2큰술
참기름	1작은술

참기름은 마지막에 향긋하게

나물을 볶을 때 참기름을 미리 넣으면 향이 달아나서 맛이 좋지 않다.
나물을 볶은 다음 불을 끄고 참기름을 넣어야 맛과 향이 더 좋다.

굴전

굴에는 단백질은 물론 아연, 칼슘, 칼륨, 철분 등이 풍부하고 소화가 잘 되기 때문에 산모 보양식으로 좋은 식품이다. 굴에 풍부한 아연은 산후 우울증에도 효과가 있다. 신선한 굴을 전으로 부쳐 먹으면 굴 특유의 비릿한 냄새를 싫어하는 사람들도 거부감 없이 즐겁게 먹을 수 있다.

재료

소금	조금
굴	150g
밀가루	1컵
달걀	1개
식용유	적당량

1 옅은 소금물에 굴을 흔들어 씻은 다음 밀가루를 입힌다.
2 잘 푼 달걀물에 1의 굴을 넣고 한 수저씩 떠서 기름 두른 팬에 노릇하게 굽는다.

 **굴전은 바로 부쳐 노릇하게**

굴로 전을 부칠 때는 밀가루를 입히고 달걀물에 적신 다음 바로 부치지 않으면 달걀 색이 검어지고 맛도 떨어진다.

무청돼지갈비탕

돼지고기는 단백질, 철분, 비타민B군이 특히 많은 식품이다. 더불어 체내 독소를 배출해 주는 효능이 있어 출산으로 인해 독소가 많이 쌓인 산모에게 좋다. 무청은 식이섬유가 풍부하기 때문에 출산 후 변비로 고생하는 산모에게 좋은 식품이다.

1 무청시래기는 부드럽게 삶은 다음 찬물에 담갔다가 물기를 제거하고 4센티미터 길이로 자른다.
2 돼지갈비는 찬물에 30분간 담갔다가 끓는 물에 데치고 냄비에 노릇하게 굽는다.
3 2의 돼지고기에 물을 붓고 끓이다가 무청, 된장, 국간장, 고춧가루, 마늘을 넣고 더 끓인다.
4 고기가 충분히 익으면 어슷하게 썬 대파, 소금을 넣어서 간을 맞춘다.

재료

무청시래기	150g
돼지갈비	300g
물	8컵
된장	1큰술
국간장	1큰술
고춧가루	1큰술
다진 마늘	1큰술
대파	1/4대
소금	적당량

 **돼지갈비는 핏물을 빼고 조리**

돼지갈비의 핏물을 뺀 다음 냄비에 구우면 돼지갈비 속의 맛있는 성분이 빠져나오지 않아 끓였을 때 구수한 맛을 낼 수 있다.

장어덮밥

장어에는 비타민A, 단백질, 불포화지방산, 탄수화물 등의 영양분이 풍부하다.
아기를 낳고 나면 심신이 지쳐 몸의 기력이 많이 떨어지는데, 이럴 때 장어와 같은
고단백 음식을 섭취하면 기력 회복에 좋다.

재료

장어(큰 것)	1마리
식용유	적당량
밀가루	3큰술
생강	2쪽
무순	1팩
밥	4공기

장어조림장

물	3컵
간장	6큰술
물엿	3큰술
맛술	3큰술
설탕	2큰술

1 내장과 뼈를 제거한 장어는 5센티미터 길이로 자르고 밀가루를 입혀 팬에 노릇하게 튀긴다.
2 생강은 껍질을 벗긴 다음 곱게 채 썰어서 찬물에 헹궜다가 물기를 제거하고, 무순은 씻고 물기를 제거한다.
3 팬에 장어조림장 재료를 모두 넣고 졸이다가 1의 장어를 넣고 국물이 자작하게 1컵 정도 남을 때까지 더 조린다.
4 그릇에 밥을 담고 그 위에 장어를 얹은 후 생강채, 무순을 곁들여 낸다.

생강채는 물에 헹구고 곱게 썰어 내기

장어에 올리는 생강채는 물에 여러 번 헹군 다음 얹어야 매운맛이 덜 나고 쓴맛도 줄어든다.
생강채는 굵지 않게, 곱게 썰어야 향이 강하지 않아 먹기 좋다.

핸드폰 없는 사람은 이기적인 사람?

친환경생활수기_이민영(서울시 노원구 상계7동)

핸드폰을 안 쓴 지 두 달이 지났다. 거창한 이유나 대단한 마음가짐이 있어 처분한 것은 아니다. 그저 단순한 우연이었다. 작년 여름 서해로 놀러 갔을 때 친구들의 장난에 나와 내 핸드폰은 함께 짠물을 잔뜩 들이키고 말았다. 물로 세척하고 잘 건조하니 잔 고장이 줄곧 있긴 했어도 통화에는 별다른 문제가 없었다. 그러려니 하고 1년 가까이 잘 썼다. 그러던 어느 날, 잠에서 깨어 보니 핸드폰은 이미 조용히 숨을 거둔 상태였다. AS센터에 가서 확인한 핸드폰의 상태는 심각한 수준이었다. 부식이 심해서 고쳐도 회복 불가능하다고 했다. 망가진 핸드폰을 AS센터에 남겨 두고 그 이후로 다른 핸드폰을 사지 않았다. 그렇게 시간을 보낸 게 두 달이 넘은 것이다.

자의 반 타의 반으로 핸드폰을 쓰지 않은 뒤로 내 생활은 조금씩 바뀌었다. 우선 나도 모르게 깜짝 놀라며 가방을 뒤지던 핸드폰 신경증이 사라졌다. 핸드폰을 진동 모드로 해 놓았던 나는 지하철을 타든 도서관에서 책을 보든 나도 모르게 진동이 느껴져서 움찔할 때가 많았다. 그런데 핸드폰이 없어져 더 이상 진동에 신경 쓰지 않아도 되자 그런 증상은 자연스럽게 사라졌다.

핸드폰에서 벗어난 삶

핸드폰이 없으면 사람들과 연락을 덜할 것이고 관계가 소원해질 것이란 추측은 보기 좋게 빗나갔다. 문자 한 통으로 헤쳐 모이던 잦은 약속들은 줄었지만, 메신저나 전자우편 사용량은 더 늘었다. 마구잡이로 보내는 문자 공지가 아니라 살가운 이야기를 담은 쪽지와 전자우편이 더 자주 도착했다. 많은 친구들이 남들과는 다른 나와의 소통 방식을 색다른 즐거움으로 여겨 주었다.

익숙했던 곳이 새로운 곳으로 탈바꿈하기도 했다. 언제부턴가 공중전화가 눈에 들어오기 시작한 것이다. 역 주변, 집 근처, 학교 여기저기에 놓인 공중전화가 시야에 들어왔다. 이젠 어떤 게 버튼이 잘 눌리지 않는지, 어떤 게 수신감이 좋은지 파악하게 됐다. 공중전화 박스 안에 들어서면 학창시절 쉬는 시간마다 음성사서함을 열어 보던 떨림이 새록새록 기억났다. 일상의 재발견이었다.

물론 핸드폰이 없는 게 좋기만 한 건 아니다. 단체문자 공지를 받지 못해 혼자 일정을 잘못 알고 발을 동동 구른 적도 있고, 문자 한 통으로 쉽게 약속 장소나 시간을 바꾸던 버릇 때문에 친구들과의 약속이 어긋나 땡볕에 홀로 서서 땀을 뻘뻘 흘리다 더위 먹는 일도 많았다. 연락은 전자우편으로 해 달라고 신신당부했는데도 왜 전화를 받지 않느냐고 짜증을 내던 직원들에게 핸드폰이 없다는 말은 이해할 수 있는 변명이 되지 않았다.

3개월마다 핸드폰을 바꾸고 신종 모델명을 꿰고 있는 친구들에게 내 생활은 그저 먼 나라 이야기다.

계속 그렇게 지내면 알고 지내던 사람들이 하나둘 멀어질 거란 충고도 여러 번 들었다. 그리고 급한 일이 있는데도 연락이 되지 않을 때 다른 사람들이 얼마나 답답할지 고려하지 않는 '이기적'인 사람이라는 힐난도 들었다. 그런데 정말 21세기 한국인이라면 누구나 핸드폰을 가지고 있다는 이유만으로 내가 그토록 이기적이라고 비난 받을 수 있을까.

누군가의 희생으로 얻은 편리함

핸드폰을 쓰지 않게 된 후 핸드폰과 환경의 연관성이 궁금해져서 박경화 씨가 지은 『고릴라는 핸드폰을 미워해』란 책을 읽어 보았다. 이 책에 따르면 핸드폰과 노트북, 제트엔진 등의 원료로 널리 쓰이는 탄탈(Tantalum)의 원재료인 콜탄 수요가 급증하자, 콜탄 주 생산국인 콩고는 콜탄을 팔아 전쟁 자금을 조달하고 있다고 한다. 오랜 내전 국가인 콩고의 광부들은 아무런 보호 장비 없이 삽 한 자루만 쥔 채 전쟁 자금 마련에 착취당하고 있다. 광부만이 아니다. 콩고 동부의 세계문화유산인 '카후지-비에가(Kahuzi-Biega)국립공원'은 지구상에 남아 있는 고릴라의 마지막 서식지이지만, 콜탄 채굴 때문에 마구잡이로 파헤쳐져 고릴라들이 살 곳을 잃어가고 있다. 우리가 편리하게 사용하는 핸드폰의 이면에는 지구 반대편에 있는 콩고의 광부들과 고릴라의 희생이 있는 것이다.

핸드폰을 쓰지 않는 내게 자기밖에 모른다며 손가락질한 사람들에게 묻고 싶어졌다. 새로 나온 디자인과 최첨단 기능을 보유한 핸드폰을 갖기 위해 일 년이 멀다하고 마구잡이로 사고 버리며 지구 반대편의 누군가의 행복을 짓밟는 것은 '이기심'이 아니냐고. 핸드폰의 편리가 어디에서 왔는지 모르고 낭비하는 것과, 핸드폰을 쓰지 않는다는 비일상적인 행동을 해서 불편함을 느끼게 하는 것, 그 둘 중

어느 게 진짜 '이기심'이냐고.

핸드폰을 쓰는 것 자체에 비난의 화살을 겨눌 생각은 없다. 그걸 어떤 식으로 어떻게 쓰느냐 하는 것은 판단하기 나름이다. 업무나 생활에 따라 핸드폰이 없으면 일상을 영위하기 어려운 사람도 있다. 나 역시 핸드폰을 쓰지 않는 생활을 하면서 몇몇 자료를 찾아보기 전까지는 핸드폰이 나와 콩고의 고릴라에게 어떤 영향을 미치는지 알지 못했다. 그러나 우리는 눈앞에 보이지는 않지만 분명히 존재하는 많은 것들과 공존하며 살고 있다. 핸드폰이라는 '현대인의 생필품' 뒤에 정당한 임금도 받지 못하며 땀 흘리는 콩고의 광부와 오래도록 삶의 터전으로 여겨온 곳에서 쫓겨나 멸종 위기에 다다른 고릴라가 있다는 것은 알아 두어야 하지 않을까.

환경을 보호하는 작은 발걸음

핸드폰을 쓰지 않는 것과 함께 스스로 지키고 있는 룰이 하나 더 있다. 바로 일회용 물품을 쓰지 않는 것이다. 일회용 물품을 쓰지 않으니 의외로 불편한 점이 많이 생긴다. 당장 포장마차에서 떡볶이 먹을 때도 고민이다. 씻기 편하라고 비닐봉지에 싼 떡볶이 접시, 원통 가득 담긴 이쑤시개, 덤으로 펄펄 끓는 어묵 국물 위에 아슬아슬하게 매달려 곡예 중인 종이컵 뭉치까지. 모든 게 일회용품이다.

밖에서 생활하다 보면 일회용품을 쓰지 않는 게 참 어렵다. 각종 음료수와 먹을거리 중에선 일회용품으로 포장되지 않은 것이 없다. 음식을 주문하면 일회용 접시에 일회용 젓가락은 물론이고 요즘엔 아예 한꺼번에 싸서 버리도록 넓적한 플라스틱 천까지 덤으로 온다. 그나마 내 힘으로 할 수 있는 건 해 보자며 하는 것이 다회용 컵을 가지고 다니는 것이다.

컵은 환경을 지키겠다는 내 의지와 개성을 드러내는 물건이다. 늘 나와 생활하고 여행하는 컵인 만큼 컵과 관련된 사연도 하나둘 늘어, 쓰면 쓸수록 애착이 간다. 커피전문점의 플라스틱 컵보다 크기가 조금 작아 테이크 아웃을 할 때마다 내용물이 덜 담기는 것 같아 속이 상할 때도 있지만, 내 컵이 어느덧 마음이 깊어져 내 몸매 관리에도 신경을 써 주는구나 생각하면 하나도 서운하지 않다. 필요한 만큼만 맛있게 먹기도 푸른 지구를 지키는 방법 중 하나니까.

현대 사회에서 핸드폰과 일회용품을 쓰지 않는 것은 어려운 일이다. 하지만 멀고 험한 길이라고 해서 어머니와 같은 지구를 버릴 수는 없다. 혼자만 지킨다고 뭐가 달라지냐며 조롱하는 사람들에게 이 말을 꼭 해 주고 싶다. 나 혼자만 바뀌어도 고릴라 한 마리가 더 살고 나무 한 그루가 더 살아난다고. 생명을 살리는 길에 '하찮음'은 존재하지 않는다고 말이다.

이 글은 「살림로하스」 시리즈 출간을 기념하여 살림출판사와 녹색연합, 한살림, 예장생협, 무공이네, 마이클럽이 공동으로 주최한 2009년 「친환경생활수기공모전」의 수상작입니다.

CHAPTER 05

허기질 때 짬짬이,
초간단 간식&음료

임신 중이거나 출산 후 수유 중인 임산부는 섭취하는 영양분의 대부분이 아기에게 전달되므로 평소보다 배고픔을 쉽게 느낀다. 패스트푸드나 인스턴트식품은 허기질 때 간편하게 먹기는 좋으나 아기에게 좋은 영양분을 공급할 수 있는 먹을거리가 아니니 자제하도록 하자. 요리하기 번거롭지 않고 출출할 때마다 간단히 먹을 수 있는 음식을 소개한다.

밤수프

밤에는 탄수화물, 단백질, 칼슘, 칼륨, 비타민C, A, 베타카로틴, 기타 무기질이 풍부하게 함유되어 있다. 밤은 자양강장 효과가 좋아 병후 회복에 좋으며 임신과 출산으로 무기력해진 체력을 보충해 주는 데도 좋은 식품이다.

재료

밤	8개
파슬리	2줄기
유기농 버터	1큰술
유기농 통밀가루	3큰술
물	3컵
우유	1컵
소금	조금

1 밤은 껍데기를 벗긴 다음 잘게 썰어서 준비한다. 파슬리는 곱게 다진 다음 물에 헹구었다가 물기를 빼고 보슬보슬하게 준비한다.

2 팬에 버터와 밀가루를 넣고 타지 않을 정도로 볶은 다음 물을 넣고 저어 가며 끓인다.

3 2의 물에 1의 밤을 넣고 충분히 익을 때까지 끓인다. 물의 양이 반으로 줄면 우유를 넣고 한 번 더 끓인 후 소금으로 간하고 불을 끈다.

4 3의 수프를 그릇에 담고 파슬리를 뿌려서 낸다

 **크림수프의 기본, 루**

버터와 밀가루를 볶아서 만든 루는 크림수프의 기본이다. 루를 밤과 같이 끓일 때 그냥 끓이면 바닥에 눌 수 있으니 저어 가면서 끓인다.

고구마오븐구이

고구마에는 탄수화물, 식이섬유, 베타카로틴이 풍부하다. 고구마는 혈압을 조절해 주고, 변비 예방에 효과적이다. 임신을 하면 아기가 자랄수록 아랫배가 눌려 배변을 잘 보지 못하는 경우가 많은데 이럴 때 효과적인 식품이다.

재료

고구마	2개
올리브오일	2큰술
후추	약간

1 고구마는 씻어서 물기를 제거한 다음 길게 반으로 자른다.
2 고구마에 올리브오일, 후추를 뿌리고 160도로 예열된 오븐에 넣는다.
3 40분 정도 고구마가 타지 않도록 주의하며 굽는다.

고구마는 껍질째 섭취

고구마는 껍질을 벗겨 먹으면 배에 가스가 찰 수 있으므로 껍질째 먹는 것이 좋다.
껍질째 먹으면 소화도 더 잘된다.

달걀채소무침

태아가 자랄수록 더욱 많이 필요한 영양분이 단백질과 칼슘이다. 이런 영양분이 많은 식품 중 하나가 달걀인데, 간식으로 달걀을 충분히 섭취하면 여러모로 도움이 된다. 달걀만 먹기보다 비타민이 풍부한 채소나 과일을 곁들여 먹으면 더욱 좋다.

재료

방울토마토	8개
셀러리	1/2대
오이	1/4개
양파	1/4개
삶은 달걀	2개
올리브오일	1큰술
소금	조금
후추	1/3작은술

1. 방울토마토는 씻어서 물기를 제거한 다음 4등분한다. 셀러리도 섬유질을 제거하고 1센티미터 크기로 자른다.
2. 오이는 길게 4등분하여 씨를 제거해 1센티미터 크기로 자른다. 양파는 잘게 다져서 찬물에 헹군다.
3. 삶은 달걀은 먹기 좋게 썰고, 썰어 둔 재료와 올리브오일, 소금, 후추를 넣고 잘 버무려서 그릇에 담아낸다.

 **방울토마토, 꼭지 따고 씻으면 손해**

방울토마토에는 비타민 B, C, 리코펜, 루틴, 식이섬유가 풍부한데 꼭지를 따지 않고 씻어야 이런 영양분의 손실이 적다.

단호박 꿀찜

단호박은 카로틴, 탄수화물, 식이섬유가 풍부하고 소화 흡수가 잘된다. 임신 중에는 손발이 많이 붓는데 붓기를 빼는 데도 효과가 있고, 비타민C가 풍부해 감기 예방에도 좋다. 꿀과 같이 먹으면 자궁이 튼튼해져 아기가 잘 자랄 수 있다.

1 단호박은 씻어서 1/4 크기로 자른 다음 씨를 제거한다.
2 김이 오르는 찜통에 자른 단호박을 넣고 15분 정도 찐 다음 꿀을 뿌려서 낸다.

재료

단호박 ························· 1/4개
꿀 ······························ 2큰술

단호박을 찔 때는 껍질이 아래로 가도록

단호박을 찔 때, 특히 씨를 제거한 다음 잘라서 찔 때는 껍질이 아래로 가도록 해서 찐다. 그래야 맛있는 성분이 밑으로 빠져나가지 않는다.

옥수수구이

옥수수에는 탄수화물, 식이섬유가 풍부하다. 또한 비타민E도 풍부해 면역력을 길러 주고 임신 중 피부가 푸석할 때 먹으면 피부의 건조함을 막아 주며, 이뇨 성분이 있어 부종을 예방해 준다. 버터와 같이 먹으면 옥수수에 부족한 지방이 보충되어 좋다.

1 씻어서 물기를 제거한 옥수수를 김이 오른 찜기에서 20분간 찐다.
2 옥수수에 소금을 조금 뿌리고 버터를 바른 다음 200도의 오븐에서 10분간 겉이 노릇해지도록 굽는다.

재료

옥수수 ···················· 2개
소금 ···················· 조금
유기농 버터 ············ 1/2큰술

 **굽는 방법이 다른 생 옥수수와 찐 옥수수**

익히지 않은 옥수수로 구이를 할 경우에는 너무 센 불에서 구우면 속까지 익지 않기 때문에 중간 불에서 속까지 잘 익도록 굽는 것이 중요하다. 찐 옥수수를 구울 때는 센 불에서 겉이 노릇해질 정도로만 굽는다

토마토바질샐러드

토마토는 당질, 칼륨, 칼슘, 식이섬유, 비타민A, 카로틴이 풍부하여 소화 기능을 향상시키고 체력을 높여 준다. 또한 체내의 독을 중화시켜 주고 변비를 예방해 준다. 토마토의 붉은색은 리코펜이라는 성분으로 항산화 효과가 있다.

재료

방울토마토	16개
양파	1/4개
올리브오일	2큰술
소금	조금
후추	조금
바질	1/4컵

1 방울토마토는 씻어서 꼭지를 떼고 반으로 썬다.
  양파는 잘게 다지고 찬물에 담갔다가 물기를 제거한다.
2 볼에 1의 재료와 올리브오일, 소금, 후추를 넣고 잘 섞은 다음
  바질을 썰어 넣고 버무린다.

갈변하는 바질은 맨 마지막에

바질은 칼로 썰어 놓으면 바로 갈변하기 때문에 모든 재료를 섞은 다음
마지막에 썰어 넣는 것이 좋다.

감자견과류요거트버무리

감자는 비타민B, C, 탄수화물, 식이섬유가 풍부한 알칼리 식품으로 소화가 잘되며 간단하게 먹을 수 있다. 여기에 필수지방산이 풍부한 견과류와 철분이 듬뿍 든 요구르트를 곁들이면 좋다.

1 감자는 씻은 후 김이 오르는 찜통에 넣고 20분간 찐 다음 수저로 으깨어 식힌다.
2 볼에 식힌 감자, 견과류, 요구르트, 소금, 꿀을 넣고 잘 버무린 다음 그릇에 담아낸다.

재료

감자	2개
아몬드	2큰술
호박씨	2큰술
캐슈너트	1큰술
플레인 요구르트	200ml
소금	조금
꿀	2큰술

 **통째로 쪄 먹어야 좋은 감자**

감자는 껍질째 쪄야 영양 손실이 적다. 감자는 쪄도 비타민C가 파괴되지 않는 효과적인 비타민 공급원이며, 소화도 잘되는 알칼리 식품이다.

낫토마즙

낫토는 단백질이 풍부하고 소화가 잘 되는 식품이다. 마에는 아연, 엽산, 철분, 칼슘, 비타민B_1, B_6, E, 식이섬유가 풍부하다. 비타민 B_6는 전신의 영양 상태를 개선해 주어 임산부에게 좋다.

1 마는 껍질을 깐 다음 강판에 갈아서 그릇에 담는다.
2 마 위에 낫토, 달걀노른자, 김가루, 참기름을 얹어서 낸다.

재료

마	1개
낫토	50g
달걀노른자	2개
김가루	조금
참기름	1작은술

 **마를 손질할 때는 장갑 착용**
마의 껍질을 벗길 때 그냥 벗기면 가려울 수 있다.
장갑이나 일회용 비닐장갑을 끼면 가렵지 않게 벗길 수 있다.

매실청미숫가루

여러 가지 통곡물을 넣어서 만든 미숫가루는 복합 탄수화물로 임신 중 혈당 조절에 좋으며 비타민
B와 E가 풍부해서 태아의 성장에도 좋다. 매실청은 비타민C가 풍부하고 소화가 잘되며 살균 작용
이 있어 임신 중 음식을 잘못 먹었을 때 많은 도움이 된다.

1 믹서에 매실청, 미숫가루, 물을 넣고 곱게 간 다음 컵에 담는다.
2 1의 미숫가루에 얼음을 띄워서 낸다.

재료

매실청	4큰술
미숫가루	1컵
물	2컵
얼음	조금

 **미숫가루, 갈아서 쓰면 더 편리**

미숫가루는 그냥 물에 타면 잘 섞이지 않지만, 믹서에 한 번 갈아서 타면
잘 타진다. 얼음을 같이 넣고 갈아도 좋다.

말린과일요거트

말린 과일에는 비타민D가 풍부한데, 비타민D는 태아의 골격을 형성하고 자라게 하는 데 없어서는
안 되는 영양분이다. 칼슘이 풍부한 요구르트와 같이 먹으면 좋은 간식도 되고 태아의 영양에 많은
도움을 준다.

1 대추는 마른 천으로 닦고 돌려 깎아서 곱게 채를 썬다.
2 그릇에 플레인 요구르트를 담고 그 위에 꿀을 올린 다음
   대추와 귤을 얹어서 낸다.

재료

대추	2개
플레인 요구르트	200ml
꿀	2큰술
말린 귤	4조각

 **동절기와 하절기의 요구르트 발효법**

플레인 요구르트를 만들 때는 온도가 너무 높지 않도록 한다.
여름에는 냉장고에서 발효시키고, 겨울에는 상온에서 발효시킨다.

키위에이드

키위는 열량이 적고 비타민C와 식이섬유가 풍부하며, 아연, 엽산, 철분, 칼슘, 칼륨, 마그네슘도 풍부하다. 특히 마그네슘은 임신 중 고혈압 예방에 좋으며 임신 후반기와 분만 시에 많은 도움을 주는 성분이다.

1 민트 잎은 씻고 뜨거운 물을 부어 우린 다음 식힌다.
2 식힌 민트를 체에 걸러 우린 물만 준비하고, 키위는 깎아서 적당한 크기로 썬다.
3 믹서에 2의 민트 우린 물, 꿀, 키위, 얼음을 넣고 곱게 간 다음 컵에 담는다.

재료

민트 잎	1/4컵
뜨거운 물	1컵
키위	2개
꿀	3큰술
얼음	적당량

 **민트 향, 진하게 느끼려면**

민트 잎은 끓이면 향이 잘 나지 않는다. 뜨거운 물에 넣고 식을 때까지 두어야 향이 진하게 우러난다.

바나나아이스크림

바나나에는 탄수화물, 섬유질, 비타민C, 칼륨이 풍부하다. 바나나의 칼륨은 체내 염분을 몸 밖으로 배출시켜 몸이 붓거나 살이 찌는 것을 예방해 주고, 식이섬유는 변비를 예방해 준다. 바나나를 얼려서 아이스크림을 만들면 부담스럽지 않은 칼로리로 진한 단맛을 즐길 수 있다.

1 바나나는 껍질을 벗기고 랩이나 비닐에 싸서 하나씩 얼린다.
2 1의 얼린 바나나와 우유를 믹서에 곱게 간 다음 그릇에 담고 그 위에 블루베리, 포도, 딸기 등의 과일을 얹어서 낸다.

재료

바나나	8개
우유	1컵
블루베리	4큰술
포도	약간
딸기	약간

 **바나나를 얼릴 때는 랩으로 싸서**

바나나를 얼릴 때 껍질을 벗긴 다음 랩으로 하나씩 싸서 얼리면 바나나의 갈변을 막을 수 있다. 믹서에 넣고 갈면 잘 갈린다.

믿고 살 수 있는 친환경 매장

현재 국내 친환경 농산물의 인증은 국립농산물품질관리원에서 '저농약', '무농약', '전환기', '유기농' 네 종류로 구분하여 시행하고 있다. 저농약이란 유기합성농약과 화학비료는 기준 사용량의 2분의 1을 사용하되 제초제는 전혀 사용하지 않고 재배한 것을 말하며, 무농약이란 화학비료는 기준량의 3분의 1을 사용하되 유기합성농약과 제초제를 사용하지 않고 재배한 것을 말한다. 전환기란 무농약 재배를 시작한 후 유기농 인증을 받기 전까지 이행 기간 중 재배한 것을 말하고, 유기농이란 일정 기간 화학비료와 유기합성농약을 사용하지 않고 재배한 것으로 식품첨가물을 넣지 않고 유전자조작 식품이 아닌 것을 말한다. 이러한 상품을 파는 친환경 매장으로는 어떤 곳이 있는지 정리해 보았다.

● 생활협동조합

소비자가 조합원으로 가입하여 함께 운영하는 형태로 일정 출자금과 조합비를 납부해야 이용할 수 있다. 대부분 인터넷으로 주문할 수 있고 일주일에 1회 배송되므로 홈페이지를 참고한다. 곡물, 채소, 과일, 축산물, 장·양념 반찬 등의 기본 품목은 모든 생협이 비슷하지만 가공식품이나 생활용품 등은 생협마다 조금씩 다르다.

한살림
02-3498-3600 www.hansalim.or.kr

한살림은 한 집에서 살림하듯 더불어 살자는 뜻. 가입비와 출자금을 내고 조합원으로 가입하면 제품을 구입할 수 있다. 100퍼센트 국내산을 판매하는 것을 원칙으로 한다. 생명, 생태, 공동체를 기치로 한살림 운동을 전개한다.

- **매장** 서울·경기 50곳, 기타 지역 60곳
- **방법** 지역생협 조합원으로 가입한 뒤 출자금과 가입비 납부
  (지역마다 회원 가입 절차가 약간씩 다름)
- **배송** 지역매장별 주 1~2회 공급(주문 마감일 제도)
- **품목** 기본 품목 + 두부·어묵·묵 / 수산·건어물 / 떡·빵·잼 / 면·만두·피자 / 건강식품·꿀 / 차·음료·유제품 / 과자· 빙과 / 화장품 / 생활용품

아이쿱생협(구. 한국생협연대)
1577-0178 www.icoop.or.kr

지역주민운동으로 출발한 부평생협을 모태로 1997년 경인지역생협연대를 출범한 뒤 현재 한국생협연구소를 비롯해 지역생협활동을 지원하기 위한 생협연합회와 유기농 도매시장을 운영한다.

- **매장** 서울 8곳, 경기 16곳, 기타 지역 41곳
- **방법** 지역생협 조합원으로 가입한 뒤 출자금과 조합비 납부
  (지역마다 조합비와 가입 절차가 약간씩 다름)
- **배송** 날마다 오후 11시 주문 마감 뒤 3일 내 배송
- **품목** 기본 품목 + 신선 가공식품 + 차·음료 / 수산물 / 건재 / 간식거리 / 건강식품 / 면·만두 / 친환경생활용품

두레생협연합회
02-3283-7290 www.dure.coop

'생협수도권연합회'를 모태로 출발. 2004년 '지역생명운
동'이라는 새로운 정체성을 확립하고 '두레생협'으로 개
칭했다. 생산이력시스템을 갖추고 있어 각 상품의 생산
지, 생산자, 생산과정을 확인할 수 있다.

- **매장** 서울 12곳, 경기 29곳
- **방법** 지역생협에 가입한 뒤 출자금과 가입비 납부
- **배송** 지역 매장별 주 1회 공급(주문 마감일 제도)
- **품목** 기본 품목 + 가공식품 / 일일식품 / 차 · 음료 / 건강식품 /
  생활용품 / 여름 기획 / 수산 · 건어물

정농생협
02-404-6247 www.jungnong.com

농민들의 모임인 정농회가 기반이 되어 운영되는 생활협
동조합. 우리나라 조직적 유기농법 실천의 첫 출발점. 기
존 4단계 인증을 넘어 물품에 따라 6~8단계로 기준 설정
(비닐 멀칭, 퇴비의 질, 질산염, 종자, 경력 등을 종합적으
로 고려).

- **매장** 서울 5곳
- **방법** 조합원으로 가입한 뒤 출자금과 가입비 납부
  (기본 교육 이수해야 함)
- **배송** 주 3회 공급(주문 마감일 제도)
- **품목** 기본 품목 + 두부 · 어묵 / 면 · 간식 / 가루음식 · 떡국 /
  차 · 음료 / 건강보조식품 / 생활용품 / 화장품 / 천연 염색 /
  수산 / 건어물

풀무생협
041-633-3211 www.pulmu.or.kr

500여 명의 친환경 생산자가 주축이 되어 만든 온라인
유기농 유통매장. 오프라인 매장은 없다. 일반회원으로
가입한 뒤 이용할 수 있다. 생산지가 홍성군 홍동면 일대
에 밀집되어 있다.

- **매장** 없음
- **방법** 일반회원으로 가입한 뒤 이용 가능
- **배송** 당일 오후 10시까지 입금 확인 뒤 2일 내 배송
- **품목** 기본 품목 + 가루식품 / 간식 · 면 / 차 · 음료 / 건강식품 /
  환경생활용품

여성민우회생협
02-581-1675 www.minwoocoop.or.kr

한국여성민우회가 주체로 농업 · 환경 · 지역 살리기 활동
을 펼쳐 왔다. 지역주민과 조합원을 대상으로 환경, 친환
경 소비, 식품안전, 요리, 건강 등 강좌와 생산지 견학 및
요리, 노래, 책읽기, 영화, 생태목공 등 소모임, 생산자 1
일 점장제, 여성생산자, 소비자 교류회 등을 운영한다.

- **매장** 서울 · 경기 12곳, 기타 지역 1곳
- **방법** 조합원으로 가입한 후 출자금과 가입비 납부
- **배송** 주 1회 공급(주문 마감일 제도)
- **품목** 기본 품목 + 우리밀제품 / 건강식품 / 환경생활용품 /
  수산 · 건어물 / 차 · 음료

인드라망생협
02-576-1882 www.budcoop.com

도농 공동체운동을 통한 도시와 농촌의 친환경농산물 직
거래를 구상하고 불교귀농학교를 수료한 동문들이 전국
각지에서 생산한 생산물을 공급한다.

- **매장** 전국 사찰 4곳
- **방법** 조합원으로 가입한 뒤 출자금과 가입비 납부
- **배송** 월요일 주문 마감 / 매주 목요일 발송
- **품목** 기본 품목 + 일일식품 / 간식 / 친환경생활용품 / 수산물 /
  우리밀제품 / 건강식품

우리생협
1588-1558 www.wooricoop.com

더불어 사는 행복 공동체를 꿈꾸는 우리생협은 자연을
사랑하는 것처럼 어려운 사람을 도우며 살아가는 조합원
과 생산자가 함께 만든 생활공동체다. 가입비와 생산사
판매수익금의 일부는 불우 아동을 위해 사용되고 있다.

- **매장** 서울 · 경기 31곳, 기타 지역 46곳
- **방법** 조합원으로 가입한 뒤 가입비와 월회비 납부
- **배송** 지역매장별 주 3회 공급(주문 마감일 제도)
- **품목** 농 · 수 · 축산 / 건강식품 / 간식 / 김치 · 반찬 · 면류 /
  생활용품 / 테마숍

● 유기농 유통전문매장

생활협동조합과는 조금 다르지만 다양한 친환경 상품을 많은 지역 매장에서 만날 수 있다.
여러 가지 참여활동을 통해서 소비자가 쉽게 유기농을 접할 수 있다.

무공이네
02-441-8266 www.mugonghae.com

친환경 유기농 식품을 비롯한 친환경 생활용품을 유통하는 곳으로 단순한 상품 유통뿐만 아니라 바른 생활문화를 만들어 가는 곳이다.

- **매장** 전국 직영점 20여 곳 / 가맹점 11곳 / 농협 아침마루 입점
- **방법** 일반회원 / 로하스 회원(가입비와 월회비 납부 시 할인율 적용)
- **배송** 서울 · 경기 일부는 당일 배송 / 그 외는 익일 배송
- **품목** 기본 품목 + 간식 · 면 / 건강식품 / 차 · 음료 / 생활잡화 / 여성 / 문구 · 완구

초록마을
080-023-0023 www.hanifood.co.kr

초록마을 인터넷 사이트와 전국 200여 초록마을 매장을 통해 국내에서 생산되는 친환경 유기농 식품 및 환경생활용품, 주류 등을 판매한다.

- **매장** 서울 46곳, 경기 50곳, 기타 직영점 111곳 / 가맹점 50여 곳
- **방법** 일반회원으로 가입한 뒤 구매 가능
- **배송** 일반물품은 주문 뒤 익일 배송, 저온물품은 주문 이틀 뒤 배송
- **품목** 기본 품목 + 건강식품 / 간식 · 면 / 차 · 음료 / 생활용품 / 수산 · 건어물

유기농 녹색가게 신시
1644-6279 www.shinsi.com

(주)녹색세상의 유기농 유통 사업기구. 신시 매장을 시작으로 생태마을, 녹색문화사업, 출판문화사업 등을 운영하고 있다. 생산지 탐방 프로그램, 생태, 건강, 육아, 교육 등 다양한 분야의 정보 수록. 해외 유기농도 취급한다.

- **매장** 서울 · 경기 35곳, 기타 지역 80곳
- **방법** 일반회원으로 가입한 뒤 이용 가능
- **배송** 주 3회 공급(주문 마감일 제도) / 서울 · 경기 지역은 당일 배송
- **품목** 기본 품목 + 우리밀제품 / 간식 / 차 · 음료 / 건강식품 / 생활용품 / 수산 · 건어물

올가
080-596-0086 www.orga.co.kr

ORGANIC의 앞 네 글자를 줄인 '올가'는 풀무원에서 운영한다. 순수 한우, 아토피 전용 식품, 친환경 소재 생활용품 취급. 백화점과 대형할인마트 내 매장 운영, 체험상품, 산지체험 프로그램 운영, 매월 총매출액의 0.1퍼센트를 지구사랑기금으로 기부한다.

- **매장** 서울 · 경기 직영점 9곳, 전국 입점 매장 26곳(롯데백화점 등)
- **방법** 일반회원으로 가입한 후 구매 가능
- **배송** 서울 · 경기 지역 당일 배송 / 그 외 익일 배송
- **품목** 기본 품목 + 차 · 음료 / 건강식품 / 간식 · 면 / 생활용품 / 수산 · 건어물

유기농 미생채
02-3667-3691~3 www.misaengchae.com

www.healgreen.com

(주)GMF에서 운영하는 친환경 농산물 전문 유통점. 농민과 1,000여 명의 약사들이 참여. 뉴질랜드의 유기농 전문기업인 허클베리팜스&힐그린 또한 미생채가 운영한다. 아토피 등 건강제품에 강하다.

- **매장** 미생채–전국 19곳, 힐그린–전국 7곳
- **방법** 일반회원으로 가입한 후 구매 가능
- **배송** 전일 오후 5시 30분까지 주문 뒤 익일 배송
- **품목** 기본 품목 + 화장품 · 바디용품 / 허브 · 아로마 / 아토피 / 유기농의류

나에게 맞는 유기농 가게 찾기 

채식인이라면?

육식에 입맛이 젖은 사람들도 채식으로 식습관을 바꾸는데 어려움이 없도록 콩과 글루텐(밀)을 사용해서 채식고기를 만든 제품과 달걀, 동물성 원료, 화학조미료, 방부제가 들어가지 않는 순수한 채식 웰빙 먹을거리를 제공한다.

베지푸드 www.vegefood.co.kr　**해바라기** ww.62nong.org
베지월드 www.vegeworld.net　**채식사랑비즌** www.vegn.co.kr
베지랜드 www.vegeland.com　**베지테리아** vegeteria.co.kr

직접 보고 사야 안심된다면?

온라인에서 직접 사는 것은 믿을 수 없다. 지역 매장에서 꼼꼼히 살펴보고 장을 보는 세심형이라면 살고 있는 지역에서 가까운 곳에 친환경 매장이 있는지 살펴본다.

- 아이쿱생협, 한살림, 두레생협, 정농생협, 여성민우회생협, ECO생협
- 무공이네, 초록마을, 올가, 미생채, 한마음유기농쇼핑몰, 유기농녹색가게 신시, 유기농 스토리, 온라인 유기농도매센터, 총각네 야채가게

싱글에게 딱 좋은 매장은?

싱글은 적은 양을 파는 곳이 딱 좋다. 자주 장을 보지 않고 한번 장을 보면 냉장고에 넣어 오래 두고 먹는 이에게 소량 포장으로 판매하는 친환경 매장을 추천한다.

무공이네 www.mugonhae.com　**힐그린** www.haelgreen.com
농군마을 www.canaanmall.com　**이팜** www.efarm.co.kr
미생채 www.misaengchae.com　**올가** www.orga.co.kr

아이가 있는 집이라면?

아이가 있는 곳은 더더욱 먹을거리, 입을거리, 생활용품에 신경 쓰게 마련이다. 먹을거리뿐만 아니라 아이에게 필요한 각종 분유, 이유식, 기저귀, 유아화장품, 장난감 등 친환경물품을 판매하는 곳을 소개한다.

유기스토어 www.62store.com　**신시** www.shinsi.com
해가온 www.hegaon.com　**힐그린** www.healgreen.com
미생채 www.misaengchae.com

구입하는 것으로만 만족 못해!

생태환경운동에 관심이 있고 소비자와 생산자의 건강한 관계를 꿈꾸는 분들에게 생활협동조합을 추천한다. 조합원 신분으로 생산과 유통 과정에 함께 참여할 수 있으며 소비자인 조합원이 농산물의 품질을 인증하는 '자주인증제도'를 시행하는 곳도 있다. 보통 조합원들에게 다양한 교육과 활동을 제공한다.

두레생협 www.dure.coop
한살림 www.hansalim.or.kr
아이쿱생협 www.icoop.or.kr
여성민우회생협 www.minwoocoop.or.kr

산지체험에 가고픈 활동형

생산지 탐방과 주말농장, 논농사 체험 같은 생산 과정에 함께하거나 정월대보름, 단오, 가을걷이 등 절기별 축제를 하는 곳이다. 요리, 생태목공, 건강과 관련된 교육강좌와 지역회원 모임도 진행한다.

두레생협 www.dure.coop
풀무생협 www.pulmu.or.kr
여성민우회생협 www.minwoocoop.or.kr
인드라망생협 www.budcoop.com
신시 www.shinsi.com
무공이네 www.mugonhae.com
올가 www.orga.co.kr
한마음공동체 www.yuginong.co.k
한살림 www.hansalim.or.kr

아토피 벗어던지고파~

대개 친환경 매장은 먹을거리가 중심이지만 매끈한 피부와 건강한 몸을 가꾸고 싶은 몸짱형을 위한 건강용품 및 생활용품이 많은 곳도 있다.

미생채 www.misaengchae.com
웰빙지기 www.wbzigi.co.kr
신시 www.shinsi.com
여성민우회생협 www.minwoocoop.or.kr

엄마 건강이 아기 건강!

임산부 건강음식 43가지

| 펴낸날 | 초판 1쇄 2010년 9월 30일 |
| 초판 4쇄 2016년 8월 12일 |

지은이	이승원
펴낸이	심만수
펴낸곳	(주)살림출판사
출판등록 1989년 11월 1일 제9-210호

주소	경기도 파주시 광인사길 30
전화	031-955-1350 팩스 031-624-1356
홈페이지	http://www.sallimbooks.com
이메일	book@sallimbooks.com

ISBN 978-89-522-1506-2 13590

※ 저자와의 협의에 의해 인지를 생략합니다.
※ 잘못 만들어진 책은 구입하신 서점에서 바꾸어 드립니다.